基于超声红外热成像技术的
金属结构裂纹检测与识别

冯辅周　张超省　朱俊臻　闵庆旭　**编著**

电子工業出版社·
Publishing House of Electronics Industry
北京·BEIJING

内 容 简 介

本书系统阐述了基于超声红外热成像技术的金属结构裂纹检测与识别的相关理论、方法及应用。在本书编写的过程中，编者参考了国内外的前沿研究成果，并结合课题组在实际工程中的应用案例，力求使内容具有科学性、系统性、实用性和前瞻性。全书共分 11 章，涵盖超声红外热成像技术的基本原理、超声激励下金属结构的振动特性、裂纹区域生热特性、检测条件优化、热成像处理与缺陷识别、缺陷可检测性、应用试验等内容。本书既可以作为无损检测、金属材料研究、工程结构安全评估等领域科研人员的参考用书，也可以作为测试技术相关专业本科生及研究生的教材。

图书在版编目（CIP）数据

基于超声红外热成像技术的金属结构裂纹检测与识别 / 冯辅周等编著. -- 北京：电子工业出版社，2025. 2.

ISBN 978-7-121-49628-8

Ⅰ. TG111.8

中国国家版本馆 CIP 数据核字第 2025AB6496 号

责任编辑：秦　聪　　文字编辑：杜　皎
印　　刷：三河市华成印务有限公司
装　　订：三河市华成印务有限公司
出版发行：电子工业出版社
　　　　　北京市海淀区万寿路 173 信箱　　邮编：100036
开　　本：720×1 000　1/16　印张：16.75　字数：321.6 千字
版　　次：2025 年 2 月第 1 版
印　　次：2025 年 2 月第 1 次印刷
定　　价：79.80 元

前　言

在当今高度工业化的时代，金属结构在航空航天、轨道运输、船舶制造、现代建筑、武器装备等众多领域中都扮演着至关重要的角色。然而，金属结构在长期服役和复杂环境的影响下，容易产生裂纹、腐蚀、孔隙、应力集中等缺陷，若不能及时检测和识别，可能会引发严重的安全事故和造成巨大的经济损失。伴随热成像集成技术、电力电子技术、控制技术的交叉融合和微系统化的迅猛发展，超声红外热成像技术作为一种新兴的无损检测方法，已成为无损检测科学和工业应用领域快速发展的技术之一，它凭借独特的技术优势为金属结构裂纹的检测与识别提供了全新的思路和有效的手段，具有广阔的应用前景。

本书系统阐述了基于超声红外热成像技术的金属结构裂纹检测与识别的相关理论、方法及应用。在本书编写的过程中，编者参考了国内外的前沿研究成果，并结合课题组在实际工程中的应用案例，力求使内容具有科学性、系统性、实用性和前瞻性。全书共分 11 章，内容涵盖超声红外热成像技术的基本原理、超声激励下金属结构的振动特性、裂纹区域生热特性、检测条件优化、热成像处理与缺陷识别、缺陷可检测性、应用试验等。全书内容体系完整，理论与实践联系紧密，是对编者及课题组十余年研究成果的总结与提炼，希望本书对超声红外热成像技术的发展有一定的促进作用。本书可以作为无损检测、金属材料研究、工程结构安全评估等领域科研人员的重要参考资料，也可以作为测试技术相关专业本科生及研究生的教材。

本书的出版得到了 2 项国家自然科学基金项目（51875576，52005510）和无损检测技术教育部重点实验室开放基金（EW201980445）的资助，也是项目成果的凝练与总结。在本书编写的过程中，编者参考了大量的国内外资料，在此特别对这些文献资料的作者表示衷心的感谢！本书得到了陆军装甲兵学院各级领导的大力支持，在此表示感谢！本书由冯辅周、张超省、朱俊臻、闵庆旭编著。冯辅周编写了第 1 章、第 2 章和第 11 章，张超省编写了第 3 章、第 4 章和第 10 章，朱俊臻编写了第 6 章、第 7 章和第 8 章，闵庆旭编写了第 5 章和第 9 章，全书由冯辅周统稿。书中部分内容融入了已毕业的研究生王鹏飞、孙吉伟、姬龙鑫、刘新、姜景、吴恬等人的相关研究成果，在读研究生胡浩、宋超和温赟等人在本书的编写过程中也做了大量的工作，在此一并表示感谢！

由于编者水平有限，书中难免存在疏漏之处，诚望读者批评指正。

编　者

2025 年春于卢沟桥畔

目　录

绪论

　　无损检测（non-destructive testing，NDT），也常称为无损探伤，是在不损伤或不影响材料、零件及设备等被检测对象使用性能且不破坏被检测对象内部组织的前提下，利用被检测对象内部状态异常或缺陷引起的热、声、光、电、磁等相应的变化，以物理或化学方法为手段，借助现代化的技术和设备器材，对被测对象内部及表面的结构、状态及缺陷的类型、数量、形状、性质、位置、尺寸、分布及其变化进行检查和测试的方法[1]。对于产品的成品和在用品，除非不打算继续服役，否则是不能进行破坏性检测的，而无损检测因不损坏被检测对象的使用性能而被广泛应用。它不仅可以对制造用原材料、各中间工艺环节、最终产品进行全程检测，也可以对服役的设备进行检测。与破坏性检测相比，无损检测有以下特点。

　　（1）非破坏性。它在检测时不会损害被检测对象的使用性能。

　　（2）全面性。检测是非破坏性的，因此在必要时可对被检测对象进行100%的全面检测，这是破坏性检测办不到的。

　　（3）全程性。破坏性检测一般只适用于对原材料进行检测，如机械工程中普遍采用的拉伸、压缩、弯曲等，而无损检测既可以在产品出厂前，也可以在产品使用过程中进行，甚至可以在产品报废后对部分零部件进行检测，以决定是否回收或如何修复。

1.1　常用无损检测技术方法及特点分析

　　常用无损检测方法主要包括超声检测[2-4]、涡流检测[5-7]、漏磁检测[8-10]、磁粉检测[11-13]、渗透检测[14-16]、射线检测[17-19]等。

　　下面简要介绍上述检测方法的基本原理。

超声检测的原理是利用被测材料和所含缺陷的声学性能差异，超声波传递至被测材料的缺陷区域时，会发生传播波形反射和折射能量的变化，利用超声检测装置分析信号特征，从而判断缺陷位置、大小等信息。超声检测几乎适用于对所有材料和结构进行检测，具有方向性好、能量高、穿透力强、应用范围广等技术优势。

涡流检测仅适用于导电材料，是通过电磁感应激发被测材料表面和近表面产生涡流，涡流在经过缺陷区域时大小和路径都会发生变化，利用这种现象可以分析判断缺陷信息。涡流检测是比较成熟、应用广泛的一种无损检测方法，其优点是非接触耦合、高温鲁棒性强、灵敏度高、检测装置轻便、检测内涵丰富等。

漏磁检测用于铁磁性材料探伤，被测材料在外磁场感应作用下被磁化，缺陷处会产生漏磁场，利用磁传感器来获取漏磁场的变化，并对信号进行预处理，提取出缺陷漏磁信号特征，分析缺陷的位置和几何参数。漏磁检测具有检测速度快、检测可靠性强、成本低、操作简单、易于实现自动化等优点。

磁粉检测也主要用于铁磁性材料。被测物体处于磁场中时，缺陷区域会产生漏磁场，从而吸附磁粉颗粒，显示出缺陷信息。该方法具有结果可靠、效果直观的特点。

渗透检测的原理是在含表面开口型缺陷的被测材料上先喷涂彩色或荧光渗透剂，渗透剂在毛细作用下渗入被测材料，经过清洗后，通过显像剂凸显缺陷的位置和大小等信息。渗透检测的优势是检测灵敏度高、不受检测方向影响、操作灵活、显示直观、容易判断等。

射线检测主要利用各种射线在被测材料中的吸收、衰减程度的不同，判断缺陷信息。射线穿过缺陷区域时，射线衰减强度发生变化，采用胶片感光等射线检测装置检测射线透射强度，以此判断缺陷的位置、大小等信息。射线检测几乎不受材料种类和特性的限制，具有灵敏度高、直观可靠、重复性好、通用性强等特点。

以上方法都有其自身的优点，但应用范围存在一定限制。

1. 超声检测

常规超声探头面积很小，每次只能实现小范围的缺陷检测，而且检测时需要耦合剂。超声检测对深埋缺陷很敏感，但表面和近表面的超声信号受噪声和散射影响，变得异常复杂，难以有效检测表面开口疲劳裂纹[20]。

2．涡流检测

涡流检测的效果易受探头大小、集肤深度和提离的限制[21]。

3．漏磁检测

漏磁检测按照探头类型一般分为磁阻式检测和感应式检测，磁阻式探头容易饱和[22]，感应式探头仅对特定空间频率的漏磁场敏感，难以实现跨尺度缺陷检测[23]。

4．磁粉检测

磁粉检测技术一般需要人工判定检测结果，自动化程度和检测效率低，检测人员长时间工作疲劳后容易漏检，而且检测完成后需要及时清理磁粉，操作繁琐[24]。

5．渗透检测

渗透检测同样需要人工判定结果，只能检测出裂纹的表面分布，难以量化深度，而且检测剂对检测人员的健康和环境都有一定影响[25]。

6．射线检测

射线检测通常是对其他检测方法的结果验证，该方法不易发现垂直于射线方向上的面类型裂纹，在安装、实施等方面需要严格考虑潜在的辐射安全风险，而且检测时间长[26]。

1.2　主动红外热成像无损检测技术概况

近年来，新型无损检测方法不断出现[27]，其中主动热成像（active thermography，AT）技术伴随热成像集成技术、电力电子技术、控制和计算机技术的交叉融合和微系统化方面的迅猛发展，已成为无损检测领域快速发展的技术之一，具有广阔的应用前景[28]。主动红外热成像技术是一种通过主动受控式激励源来激发被测对象升温，然后利用热成像技术记录被测对象表面温度场变化，提取异常信息，进而实现对缺陷进行识别的新型无损检测技术[29]。和前面讲的常规无损检测技术相比，主动红外热成像技术优势明显，其优势主要有检测效率高、信噪比好、覆盖面积大且可视化程度高等[30]。目前，按照激励源、激励信号、检测模式等划分，该技术已发展出多个不同分支，如图 1-1 所示。常见激励源有光激励、（感应）涡流激励、振动激励、激光激励、微波激励等。此外，结合不同激励信号（短脉冲、长脉冲、阶跃脉冲、锁相、模拟调频和编码调频）、检测模式（透射、反射）和检测状态（静态、动态）控制实施，主动热成像技术可满足在不同场合、不同需求下对各类缺陷的识别、量化与评估。现在主流的分类主要借助激励源区分各种主动红外热成像技术，如光激励热成像（optical thermography）、涡流热成像（eddy current thermography）、激光热成像（laser thermography）、微波热成像（microwave thermography）、超声红外热成像（sonic infrared imaging）等。

光激励热成像是目前主动红外热成像技术应用较成熟、较广泛的分支。光激励装置可细分为氙气闪光灯、卤素灯和功率发光二极管阵列。激励装置的工作原理决定了其可以采用的激励信号。通常来说，氙气闪光灯使用高能量短脉冲。卤素灯和发光二极管阵列的输出能量远低于氙气闪光灯，但可以使用各类激励信号，如长脉冲、阶跃脉冲、锁相、模拟调频等。光激励热成像多用于复合材料的热学性能表征和缺陷检测，如冲击损伤、分层、脱黏等。

涡流热成像是主动热成像技术的另一重要分支，兼具感应加热非接触、高效和红外热成像快速直观等优点。在一定深度范围内，缺陷的存在会引起涡流场分布的扰动，涡流密度增加或减小的区域会产生焦耳热分布不均的情况，造成温度异常分布，从而可从热像图中判断缺陷的存在。凭借该工作原理，涡流热成像对表面微疲劳裂纹的检测具有很好的灵敏度、可靠性和可重复性。此外，借助短时脉冲激励，涡流热成像可实现对多种类型缺陷的快速量化评估。

激光热成像可认为是光激励热成像的拓展，主要借助高功率激光源加热被测对象。与光激励热成像相比，激光热成像的应用更为广泛，从金属材料到生物样本。此外，通过使用聚焦透镜阵列，激光点源加热可转变为激光阵列源加热，扩展光激励热成像的检测面积。激光热成像适合检测垂直于表面的缺陷，但激光源会导致加热不均匀。另外，与光激励装置相比，激光热成像使用的高功率激光器价格昂贵，若激光波长较长，则很难通过光纤引入。

微波热成像主要利用介电损耗产热，可对被测对象进行"体加热"。尽管微波热成像具有精确可控的微波能量和非接触加热的优势，但实现缺陷区域与非缺陷区域的有效热对比需要较长的加热时间，且不适用于检测金属材料。

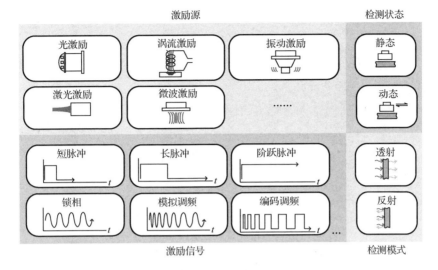

图 1-1 主动红外热成像技术分类

1.3 超声红外热成像无损检测技术概述

超声红外热成像作为主动红外热成像技术的一种类型，又称为振动红外热成像（vibrothermography）、超声激励振动热成像（ultrasound excited vibrothermography）等，其原理是通过对被测对象注入高功率振动激励，使缺陷附近产生摩擦生热、塑性生热和黏弹性生热，进而基于对热像图的分析处理实现对缺陷的识别[31-33]。借助上述生热方式，超声红外热成像技术能够显著提升缺陷区域生热，增强信噪比，可以轻松检测出大多数材料中的微小闭合裂纹[34-37]，而且振动激励可以受控于多种激励信号，如长脉冲、阶跃脉冲、锁相、模拟调频等。

相比其他主动红外热成像技术，超声红外热成像技术的优势主要体现在只需对缺陷区域加热，从而使缺陷区域与非缺陷区域的温度差异表现得更为显著。被测对象激发的（声波）振动传播至缺陷区域时，由于损伤结构不均匀或应力的存在，振动显著衰减，进而以热源的形式表现出来，而不是以阻碍热传递（如光激励热成像）的方式；同时，非缺陷区域的振动衰减程度很低，使两者之间形成明显的"亮暗"对比。这种"缺陷选择性"加热的方式，有利于热成像仪捕捉由缺陷产生的微小热量信号。表 1-1 简要概括了 5 种常见主动红外热成像技术的优势及其局限性。经过对比分析，可以发现超声红外热成像技术的特点主要包括以下方面。

（1）超声激励源可受控于各类激励信号，如长脉冲、短脉冲、锁相、模拟调频等。

（2）适用于金属、复合材料、木材、陶瓷、牙齿等各类材料中存在的自然闭合裂纹和非连续区域。

（3）仅造成缺陷区域生热，热像图信噪比高。

（4）声波可传播至距离激励源较远或较深的位置，而且衰减相对较小，可检测面积大。

（5）对于检测几何形状复杂的结构，不需要考虑加热的均匀性，检测系统配置方便。

表 1-1　5 种主动红外热成像技术的简要对比

主动红外热成像技术（按激励源分类）	优　　势	局　限　性
超声热成像	1. 可用各类激励信号 2. 适用于各类材料中存在的自然闭合裂纹 3. 信噪比高	1. 可重复性差（在高功率下） 2. 需要接触对产热 3. 有加剧缺陷扩展的可能（在高功率下）
光激励热成像	1. 可用各类激励信号 2. 适用于检测分层、脱黏等	1. 加热不均匀 2. 难以检测表面开口裂纹
涡流热成像	1. 可用各类激励信号 2. 非常适合微裂纹检测 3. 重复性高 4. 加热效率高 5. 信噪比较高	1. 无法检测非导电材料 2. 难以检测埋藏较深的亚表面缺陷 3. 加热不均匀 4. 受限于激励线圈形状 5. 设备成本较高
激光热成像	1. 可用各类激励信号 2. 适合检测垂直于被测材料表面的缺陷	1. 加热不均匀 2. 需要扫描检测 3. 设备成本较高
微波热成像	1. 加热均匀 2. 可实现体加热 3. 激励频率和极化可调	1. 难以检测金属材料中存在的亚表面缺陷 2. 激励时间长

1.4　超声红外热成像无损检测技术的国内外研究现状

超声红外热成像技术的出现与光学热成像技术的发展紧密相关。由于闭合型缺陷难以有效形成热传导特性差异，光学热成像技术在检测金属材料的闭合裂纹和复合材料的冲击损伤时，存在固有的局限。针对这一问题，Busse、

Bauer 等[38]在 1992 年红外热成像定量测量研讨会（QIRT）上首次提出由机械振动激励代替光激励的主动红外热成像技术，称之为锁相振动热成像（lockin vibroradiometry）。之后，此方法被进一步用于检测复合材料和聚合物中存在的冲击损伤、分层、孔隙、裂纹等缺陷，评估材料的应力分布、涂层厚度、黏结质量等状况[39]。随后，Busse 和 Wu[40]在 1998 年提出并使用超声锁相热成像（ultrasonic lock-in thermography）技术，这一方法用超声换能器产生的高频声波替代由拉力测试机产生的低频高幅振动激励，更适合因应力集中、裂纹、边界的存在而产生内摩擦的场合，同时表明超声锁相热成像技术具有对缺陷区域选择性加热的特点。此后，各国研究人员对超声锁相热成像技术开展了广泛的、细致的研究工作，使它发展成为超声红外热成像技术乃至主动红外热成像检测技术的一个重要分支。

不过，超声锁相红外热成像技术存在一些固有问题：一方面，经调制的激励声波能量相对较小，导致缺陷生热速率低，热像图的信噪比低，检测时间长；另一方面，锁相方式对于激励和采集的同步要求很高，提高了检测系统的成本，也不利于对被测对象的原位检测。针对上述不足，Favro、Han 等[41]进一步采用高功率超声塑焊枪，将振动激励以短时单脉冲方式注入被测对象，使激发的脉冲声波能量集中，强度大，缺陷区域对声波的衰减更显著，进而形成与非缺陷区域更明显的温度升高差异，提高了缺陷的可检测性。这一改进得到了众多研究人员的关注，促进了超声红外热成像技术的快速发展与应用。围绕超声红外热成像技术，美国韦恩州立大学、艾奥瓦州立大学、桑迪亚国家实验室、劳伦斯利弗莫尔国家实验室等，加拿大国家研究委员会和拉瓦尔大学，英国帝国理工学院、巴斯大学和布里斯托大学，国内的南京大学、首都师范大学、火箭军工程大学（原二炮工程大学）和陆军装甲兵学院（原装甲兵工程学院）等单位的研究人员，围绕超声红外热成像技术的振动特性、生热特性、仿真模型、检测条件、热像图处理与缺陷识别、缺陷可检测性和应用实验等开展了较为深入的研究工作。

超声红外热成像技术的重点研究内容如表 1-2 所示。

表 1-2　超声红外热成像技术的重点研究内容

研究内容	研究发表时间	研 究 成 果
振动特性	2002 年	被测对象振动的声混沌现象[42]
	2004 年	含裂纹试件非线性振动的产生机理[43]

续表

研究内容	研究发表时间	研 究 成 果
振动特性	2006 年	揭示了被测对象中的振动次谐波现象[44]
	2008 年	引入非线性系数，揭示了金属平板的准次谐波振动[45]
	2009 年	将振动激励源的力学模型改为双自由度质量弹簧阻尼系统[46]
	2010 年	金属平板强非线性振动主要是由于超声枪与金属平板之间的间歇性高频碰撞引起的[47]
	2016 年	接触力波形失真导致金属平板的超谐波振动[48]
生热特性	1996 年	在低频高幅振动激励下，缺陷生热是由热弹效应和迟滞效应构成的[39]
	2006 年	缺陷生热包含裂纹摩擦、能量衰减和塑性变形[49]
	2009 年	发现了生热变化被激励频率和裂纹非线性调制的现象[50]
		以利用黏性材料填充金属平板钻孔的方式制作人工缺陷，并证明黏滞耗散是此类缺陷的主要生热方式[51]
	2011 年	通过实验展示了由振动激励引起的裂纹面摩擦损伤，这也是振动红外热成像结果可重复性低的原因之一[37]
		实验验证了振动红外热成像中裂纹生热主要由裂纹接触面摩擦、塑性变形、黏弹性损失等因素构成[52]
	2015 年	通过仿真实验揭示预紧力使裂纹面接触状态改变是裂纹生热向激励同侧偏移的直接原因[53]
	2017 年	通过重复超声激励后裂纹面的轮廓，发现摩擦生热主要集中在激励同侧附近[54]
		在调制超声激励下，裂纹区域生热呈现出周期性上升的特点[55]
仿真模型	2004 年	基于罚函数及界面本构摩擦模型，以节点-单元法为接触判定算法，采用有限元法模拟含微裂纹平板波动传播过程和裂纹表面的摩擦生热[56]
		通过 LS-DYNA 和 ABAQUS 联合仿真实验，计算了复合材料半椭圆分层缺陷的摩擦热量分布及其瞬态传播过程[57]
	2005 年	利用 LS-DYNA 模拟超声激励下的声混沌现象[58]
	2006 年	利用 LS-DYNA 仿真声混沌下裂纹的生热情况[59]
	2010 年	采用 LS-DYNA 对超声激励下复合材料分层缺陷生热进行模拟[60]
		建立超声激励下含裂纹平板的热-机械耦合有限元仿真模型[61]
	2011 年	利用位移激励代替超声激励[62]
		利用热弹性类比方法模拟压电结构，利用界面接触-碰撞算法模拟超声枪与平板之间的相互作用[63]
	2012 年	建立超声激励下含裂纹的涡轮叶片的仿真模型[64]

续表

研究内容	研究发表时间	研 究 成 果
仿真模型	2013 年	建立"两步仿真模型",用于模拟施加预紧力和超声激励两个过程[65]
		建立含曲率结构裂纹的有限元仿真模型[66]
	2014 年	通过电-力类比的激励方法,建立超能换能器与含裂纹平板系统的有限元模型[67]
	2016 年	利用 ANSYS 建立超声激励下含裂纹的 V 形断面的铝合金梁的仿真模型[68]
	2019 年	通过 ANSYS 和 ABAQUS 联合仿真实验,对裂纹微观界面的生热机制进行模拟和研究[69]
	2020 年	建立超声激励下混凝土板裂缝生热的有限元模型[70]
检测条件	2003 年	分别对比 20 kHz 和 40 kHz 激励裂纹区域的温度升高情况,发现 40 kHz 的裂纹生热效果较好[71]
		定义检测界限和损伤极限,两者组合构成超声红外热成像技术的适用范围[72]
	2004 年	通过设计测试矩阵定量,确定检测条件对缺陷热信号及检出概率的影响程度[73]
		通过实验统计定性,提出在检测过程中应遵循的原则[74]
	2005 年	证明振动荷载可能导致裂纹产生不同程度的扩展,验证了确定损伤极限的必要性[75]
	2007 年	研究不同耦合材料对超声红外信号的影响,发现金属、合金和胶带是较为有效的耦合材料[76]
	2009 年	分析激励源位置对裂纹生热的影响[77]
	2010 年	通过实验表明,在相同动态应力下,裂纹生热随着激励频率的增加而增强[78]
		对金属材料宜用短时间的超声激励,对复合材料宜用较长时间的超声激励[79]
	2011 年	复合材料吸收振动的能力较强,激励位置与裂纹的距离对生热的影响较大[80]
	2012 年	研究以单层折叠胶带、层压和非层压结构纸片、铁氟龙、皮革、垫片作为耦合材料对超声红外信号的影响[81]
	2013 年	研究预紧力对裂纹可检测性的影响[82]
	2014 年	提出一种混合效应回归模型的检测条件优化方法[83]
	2016 年	采用多元非线性回归模型和 Logistic 回归模型,估算在特定检测条件下裂纹检出概率和报警概率,最终确定检测范围[84]
	2018 年	研究无耦合材料和以金属薄片、医用胶布作为耦合材料的情况下涡轮叶片中裂纹的生热分布[85]

续表

研究内容	研究发表时间	研 究 成 果
热成像处理与缺陷识别	2005 年	利用形态学图像处理方法提取缺陷信息[86]
	2006 年	通过将超声激励后的热像图序列减去激励前平均热像图的方式，消除背景噪声[87]
	2010 年	用三维匹配滤波器增强热像图序列的信噪比[88,89]
		以估算二维热源强度的方式提高热成像的时间和空间分辨率[90]
	2011 年	提出采用骨骼化描述进行裂纹重构的算法[91]
		以曲线拟合的方式压缩热像图序列，同时达到降噪和提高灵敏度的效果[92]
	2012 年	利用脉冲相位法得到不同频率下的相位图，进而提取缺陷信息[93]
		开发了基于加权支持向量机的裂纹自动识别算法[94]
	2013 年	基于一维时域和二维空域的热扩散特征，建立缺陷信号自动提取方法[95]
	2018 年	提出一种三维瞬态分析模型，用来研究具有疲劳裂纹的金属板的热源分布，并利用吉洪诺夫正则化方法根据解析或实验数据重建热源[96]
	2022 年	提出一种基于卷积神经网络（CNN）的金属疲劳裂纹超声红外热成像检测与识别方法[97]
缺陷可检测性	2007 年	通过对裂纹两个接触面施加法向力，研究裂纹闭合度对缺陷热信号的影响[98]
	2008 年	提出一套评估振动热成像检出概率的可行策略[99]
	2009 年	通过弯曲夹具改变裂纹的闭合度，探究裂纹闭合度对缺陷热信号的影响[100]
		通过构建有限元模型，研究梁试件所含疲劳裂纹在超声激励下的可检测性[101]
		提出将"能量指标"作为一个可检测性准则，用于超声红外热成像的校准流程和测试流程[102]
	2011 年	定量描述裂纹生热、裂纹尺寸和动态振动应力之间的关系[103]
		针对不同材料、不同地点的超声红外热成像数据，引入噪声干扰模型，提高了检出概率曲线的准确性[104]
	2013 年	研究预制裂纹加载步骤对裂纹生热的影响[105]
	2016 年	采用极大似然估计和沃尔德法，分别给出检出概率曲线的参数及其置信区间[106]
应用实验	2001 年	研究铝合金材料和钛合金材料的疲劳裂纹检测、复合材料的分层检测[107]
		研究复合材料的冲击损伤和脱黏检测、镍基合金材料中的疲劳裂纹检测[108]

续表

研究内容	研究发表时间	研 究 成 果
应用实验	2004 年	研究硬钎焊处裂纹检测、大厚度复合材料的孔洞和磨损、软复合陶瓷的裂纹检测[109]
	2005 年	研究涡轮盘的裂纹检测、焊接处裂纹检测、锻造汽车轮毂件的裂纹检测、陶瓷材料的裂纹检测[110]
	2007 年	研究钢基材料热喷涂层的微裂纹检测[111]
		研究蜂窝结构玻璃纤维增强金属层压板的内部缺陷检测[112]
		研究 C 型钢的冲击损伤检测[113]
		研究涡轮叶片的热障涂层脱黏和基体裂纹的检测[114]
	2008 年	研究镍-铬合金的疲劳裂纹[115]
		研究木材的分层检测[116]
		研究碳纤维 T 形接头结构的微裂纹检测[117]
	2009 年	研究金属管内壁缺陷的检测[118]
	2012 年	研究装甲车底板的裂纹检测[119]
	2013 年	研究混凝土凹槽和疏松的检测[120]
	2014 年	研究飞机发动机涡轮叶片裂纹的检测[83]
	2014 年	研究高铁机车结构制造的 V 形铝合金结构的裂纹检测[121]
	2019 年	研究奥氏体不锈钢板焊缝的裂纹检测[122]
	2020 年	研究钛合金超声刀的裂纹检测[123]
		研究机车钩舌的裂纹检测[124]
		研究承压材料的裂纹检测[125]

1.4.1 对钢结构材料缺陷的检测

从材料的发展趋势来看，现代高端装备（如大型客机、航天推进器、高铁、工程机械等）的结构材料主要以合金和复合材料为主，钢用量日趋减少。但是，一些重要结构和零部件仍然以钢为主，如飞机起落架、机翼主梁、接头和对接螺栓等采用的超高强度钢，还有弹簧钢、轴承钢、防弹钢、不锈钢等专用结构钢。Miller[126]研究了防弹钢的弹击穿透区域在超声激励下的振动情况，发现穿透区域存在剪切带，而且在热像图上以带间生热的方式体现，如图 1-2 所示。

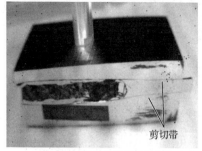

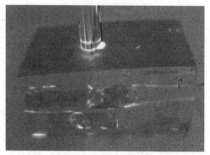

（a）防弹钢的弹击穿透区域实物　　　　（b）超声激励下被测区域的热像图

图 1-2　利用超声红外热成像系统检测防弹钢的弹击穿透区域

　　Burke 和 Miller[109]还利用超声红外热成像系统检测了不锈钢管与铝板在硬钎焊处的裂纹，如图 1-3（b）和（c）所示。Han、He 等[113]采用超声红外热成像系统对 C 型钢内侧和外侧的热疲劳裂纹进行了检测，He 和 Han[127]还进一步建立了相应的有限元仿真模型，提取了裂纹处的振动波形和频谱。杨小林等[128]利用超声红外热成像系统对某型飞机前起落架旋转臂进行检测，发现转角处的一个浅层疲劳裂纹，验证了该技术对钢构件疲劳裂纹进行早期诊断的可行性。Mabrouki 等[50]通过构建热-机械耦合有限元模型，研究在超声激励下钢板试件裂纹处的摩擦生热规律，并重点讨论了裂纹生热与激励频率间的关系。Morbidini 和 Cawley[101]构建了一个简易有限元模型，该模型可以利用实验得到裂纹区域能量耗散，计算出相应的温度升高值，进而研究梁结构钢试件所含的疲劳裂纹在超声激励下的可检测性。缺陷尺寸量化是检测方法实际应用的重要环节。Mendioroz 等[129]对埋藏在试件内部且垂直于试件表面的均匀热源进行了定量研究，建立了在锁相超声激励下不锈钢试件表面温度升高的理论模型，并表明该模型可以进一步用于对裂纹特征的提取。Mendioroz 和 Castelo 等[130]接着设计了一套稳定的反演算法，结合锁相超声热成像，对垂直埋藏方形裂纹的特征识别和空间分辨率进行了研究，结果表明该方法可以重构出不同深度缺陷的形状和位置。Castelo 等[131]进一步优化了反演算法，将其拓展到对不锈钢结构中任意形状缺陷的重构。此外，Mendioroz 等[132]还研究了在短时超声脉冲激励下缺陷的重构问题，并考虑实际裂纹生热产生的非均匀热源，改进了对应的反演算法[133]。

　　冯辅周等在针对装甲车辆的车体裂纹、液压系统磨损等状态的判别中取得了较好的应用效果。图 1-4 是某型两栖装甲车底板裂纹区域的初始红外热像图，白色亮斑为热成像系统自身存在的故障导致，但不影响实验结果。在裂纹区域适当位置施加超声激励，使裂纹产生摩擦生热，从而能够使其表面温度场发生变化，并通过热成像仪将这种变化检测出来。超声激励时间为 3 s，功率为 400 W。图 1-5 是在超声激励结束时截取的一幅红外热像图，与图 1-4 仔细对比，可以发现白色标记区域内有一条"亮线"。根据超声激励条件下微裂纹的生热机理，可以初步判定该"亮线"反映该区域可能存在裂纹，是裂纹信息的表征。

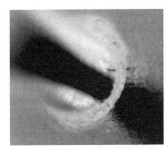
（a）无裂纹热像图

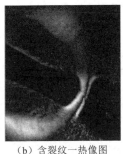
（b）含裂纹一热像图

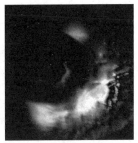
（c）含裂纹二热像图

图 1-3　利用超声红外热成像系统检测不锈钢管与铝板在硬钎焊处的裂纹

图 1-4　某型两栖装甲车底板裂纹区域的初始红外热像图

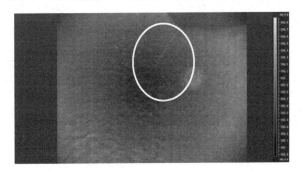

图 1-5　超声激励结束时裂纹区域的红外热像图

1.4.2　对合金结构材料裂纹的检测

目前，在航空领域，对铝合金和钛合金的应用最为广泛[134]，其中铝合金主要用于制造飞机的蒙皮、翼梁、翼肋、隔框、壳体等零件，钛合金主要用于锻件、钣金件、支撑架、导向叶片等。针对铝合金结构的检测，Favro等[107]在 2001 年就利用超声红外热成像技术检测了铝合金试件中的疲劳裂纹，并通过热像图序列清晰地展现了裂纹区域的生热及热扩散的过程。Zhong等[135]还建立了含裂纹铝合金试件的表面温度随时间和位置变化的理论模型。Han 等[59]通过构建有限元模型计算了铝合金板裂纹区域的能量耗散，并证实声混沌对裂纹生热的增强，摩擦是金属结构裂纹的主要生热形式。此外，Chen 等[61]将预紧力因素引入有限元模型。Lu 等[98]设计了可通过夹持装置改变裂纹闭合度的铝合金试件，讨论了裂纹的闭合度对生热的影响，如图 1-6所示。Obeidat 等[136]进一步借助有限元模型研究了含裂纹铝合金试件的非线性振动现象和不同激励频率与工具杆尺寸对能量耗散的影响。高治峰等[137]采用超声红外热成像技术对航空铝合金薄壁结构的闭合型疲劳裂纹进行了检测研究，讨论了激励功率、激励位置和预紧力对裂纹生热的影响。刘海龙等[125]通过理论模型研究了铝合金平板贯穿裂纹在超声激励下的生热及热扩散过程。

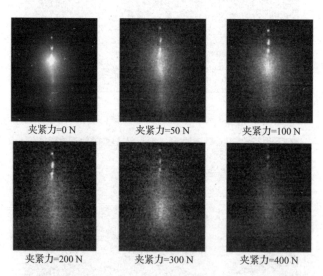

夹紧力=0 N　　　夹紧力=50 N　　　夹紧力=100 N

夹紧力=200 N　　　夹紧力=300 N　　　夹紧力=400 N

图 1-6　在不同裂纹闭合度下超声激励生热的情况

中强度钛合金兼具较高的强度和足够的塑性，其中的代表为 Ti-6Al-4V

（TC4）合金。Renshaw 等[138]研究了在施加不同弯曲应力下 TC4 合金中疲劳裂纹的生热情况，并以此表征裂纹的开合程度。Holland 等[99,139]对一组钛合金板进行了超声红外检测，发现三阶自由弯曲共振模态不易受试件夹持状态和超声枪与试件接触状态的影响，这样通过裂纹生热就能估算出合金板任意位置的应力和应变分布情况。Renshaw 等[52]通过观察 TC4 合金中疲劳裂纹面经过超声激励后的损伤情况，如图 1-7 所示，验证了裂纹接触面摩擦的生热形式。Vaddi 等[140]提出了仿真辅助的线性反演方法，通过钛合金裂纹表面温度估算出裂纹面的热源强度。Zeng 等[141]结合支持向量机和二维热扩散特征，实现了对钛合金平板中疲劳裂纹的定位。Salazar 等[142]还建立了基于一维时域热扩散特征和二维空域特征的缺陷自动识别方法，可以从热像图序列中提取疲劳裂纹的弱响应信息。

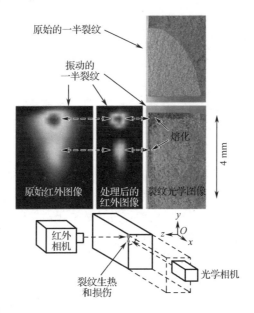

图 1-7 TC4 合金中疲劳裂纹生热和裂纹面经过超声激励后的损伤情况

　　由于空气动力学特性的要求，航空发动机叶片具有复杂型面，而且在服役过程中承受高温、高压、交变应力、高速冲击等复杂荷载，容易产生疲劳裂纹、变形、热障涂层剥落等损伤[143]，一旦叶片失效，就会给发动机带来极大的安全隐患，甚至导致灾难性后果。因此，对叶片结构完整性的准确快速检测，对提高发动机的服役安全性显得尤为重要。传统无损检测手段对叶片的复杂型面有各自的局限性[144]，借助超声红外热成像技术，国内外学者广泛开展了针对叶片损伤检测的研究工作[145]。Holland[114]设计了一套广谱超声红外热成像系统，用于检测涡轮导向叶片中的缺陷，如图 1-8 所示，并讨论了激励频率对缺陷生热的影响。

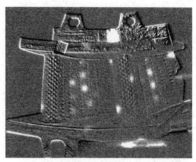

（a）被测叶片实物　　　　　　　　（b）在超声激励下被测叶片的热像图

图 1-8　利用超声红外热成像系统检测涡轮导向叶片

　　Bolu 等[146,147]通过开发稳定、可重复的实验流程，对 60 个含已知裂纹的叶片进行检测，评估了超声红外热成像技术对裂纹检测的可靠性。结果表明，超声红外热成像技术可作为一种补充技术，可以实现对叶片疲劳裂纹的快速检测。Zhang 等[64]考虑到构建裂纹接触面需要将单元节点分离为一对平面，但因普通四面体单元节点不在一个平面而无法分离，结合 Inventor、ANSYS 和 Hypermesh 软件，提出了一种改进的有限元仿真模型。后来，他们又提出了"两步仿真模型"，用于在真实模拟实验过程中施加预紧力和基于夹层换能器的超声激励两个过程[65]。针对裂纹尺寸的变化性和环境变量对裂纹响应的影响，Gao 等[83]通过构建混合效应回归模型来确定涡轮叶片的检测条件，使检出概率维持在高值，而报警概率处于低值。Jia 等[85]通过对比研究发现，在检测涡轮叶片中的裂纹时，医用胶布比金属薄片更适合作为耦合材料。Dyrwal 等[148]提出了一种基于非线性空气耦合的超声红外热成像技术，用于无接触、快速和准确检测涡轮叶片中的疲劳微裂纹。江海军和苏清风等[149,150]开发了一套超声红外热成像检测实验平台，实现了对导向叶片和工作叶片的微裂纹检测。贾庸等[151]对钛合金发动机叶片中所含的表面疲劳裂纹进行了检测，并利用 ABAQUS 建立了三维有限元仿真模型。寇光杰等[152]进一步研究了 24CrMoV 合金钢叶片中预制裂纹的生热特征及预紧力对检测效果的影响。

　　综上所述，超声红外热成像技术对发动机叶片、钢和合金等关键航空金属结构中含有的疲劳裂纹、浅层损伤等缺陷具有良好的检测效果，但多数研究成果局限于被测结构模型的简化，针对航空复杂结构的检测研究不够深入。

1.4.3　对复合材料缺陷的检测

复合材料具有比强度高、比刚度高、热膨胀系数小、耐腐减震与可设计性强等特点，与铝、钢、钛一起成为航空结构四大首选材料。复合材料在现代飞机结构材料中的占比持续攀升，新一代的民用飞机，如波音 787 和空客 A350，复合材料的用量均超过 40%[153]。但是，在复合材料加工成形的过程中，由于工艺参数复杂，品控难以把握，质量存在较大的随机性，常伴随有分层、夹杂、孔隙等缺陷。而且，复合材料在服役过程中易受冲击、碰撞、刮擦，出现裂纹和分层等损伤。Rantala 等[39]利用幅值调制的锁相超声热成像技术，对复合材料中的冲击损伤、夹杂、孔隙、裂纹等缺陷进行了检测。Salazar 等[142]利用锁相超声热成像技术对复合材料中的分层缺陷进行了检测，并通过缺陷处的相位与平方根频率之间的关系，实现对分层缺陷深度的量化。王成亮等[154]利用超声红外热成像技术对正弦波腹板梁、机翼肋段零件等复合材料的工艺缺陷和人工缺陷进行了检测，表明该技术对浅层、闭合类缺陷的检测效果较好。王成亮等[155]还对由碳纤维增强塑料（carbon fiber reinforced plastics，CFRP）构成的飞机机翼肋段零件进行了检测，并通过对缺陷边缘的提取实现了对冲击损伤的定量分析。宋远佳等[156]通过建立有限元模型，对复合材料表面的微裂纹进行了在超声激励下的热-机械耦合仿真分析，并利用超声红外热成像技术对双层玻璃纤维增强塑料（glass fiber reinforced polymer，GFRP）中的分层缺陷进行了检测，研究了耦合材料对"驻波"的影响。Han 等[157]利用超声红外热成像技术检测了模拟空客 A330 垂直稳定面板中的脱黏缺陷，并讨论了被测结构、激励位置和激励时间对检测效果的影响。金国锋等[158]还将超声红外热成像技术应用于对 CFRP 分层缺陷、GFRP 疲劳裂纹和环氧树脂基复合材料冲击损伤的检测。Li 等[159]利用超声红外热成像技术对复合层压板的损伤区域随疲劳循环次数的变化情况进行了检测，结果如图 1-9 所示。

Li 等[160]还发现 CFRP 缺陷生热具有不同的特征，分层缺陷表现为块状亮斑，基体开裂表现为线形亮斑，纤维断裂表现为"工"字形亮斑。李胤等[161]进一步对比了超声红外热成像和超声 C 扫描对复合材料冲击损伤的检测效果，表明超声红外热成像可以在准确定位冲击损伤的同时检测出具体的损伤形式。Obeidat 等[162]进一步研究了四种图像处理方法对复合材料中缺陷区域的提取效果。Obeidat 等[136]还建立了基于格林函数的解析模型，用于描述复合材料中亚表面缺陷引起的热扩散问题，并提出了量化缺陷深度的三个特征，即半最大功率时间、峰值斜率时间和二阶导数峰值时间。陈山[163]利用ABAQUS 软件对 CFRP 结构损伤的生热影响因素和生热特征进行了仿真分析，并通过实验对航空 CFRP 桁架结构中的分层缺陷进行了检测。吴昊等[164]利用超声红外热成像技术对 CFRP 板螺栓孔处的裂纹和分层缺陷进行了检测。不同于 Favro 和 Han 等采用高功率塑焊枪作为激振装置，Katunin 等[165]将受多谐波信号控制的电动振动台作为试件的激振装置，提出了基于自生热的振动热成像方法，用于检测玻璃纤维增强复合材料中的低速冲击损伤。Solodov 等[166]为避免采用高功率超声设备作为激励源，提出了基于局部缺陷共振（local defect resonance，LDR）的超声热成像，实现对复合材料中分层、冲击损伤和裂纹的检测，该方法可以用较低的功率激发缺陷振动，而且可以通过改变驱动频率来辨别不同的缺陷。Rahammer 等[167]为进一步增强 LDR的激发效率，提出了可以控制超声传播方向的相位匹配导波激励，并实现了对冲击损伤的检测。此外，Rahammer 等[168]还提出了共振频率扫描热成像，由于引入了宽带超声激励信号，该方法可以在 LDR 频率未知的情况下实现对缺陷的检测，图 1-10 所示为借助傅里叶变换对缺陷热信号进行降噪处理后的结果。

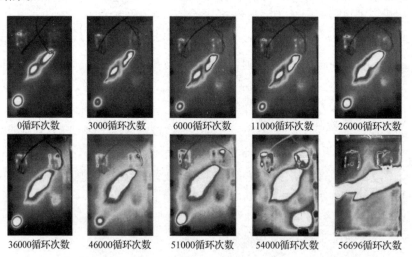

| 0循环次数 | 3000循环次数 | 6000循环次数 | 11000循环次数 | 26000循环次数 |

| 36000循环次数 | 46000循环次数 | 51000循环次数 | 54000循环次数 | 56696循环次数 |

图 1-9　在超声激励下复合层压板在不同疲劳周期的损伤区域热像图

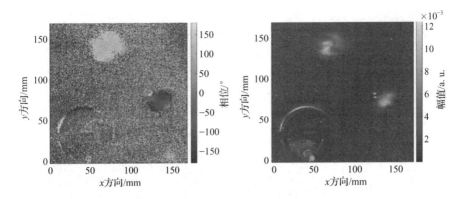

图 1-10 在超声激励下复合材料缺陷区域经傅里叶变换后的相位和幅值图

Fierro 等针对超声枪激励的可重复性和可靠性较低这一问题，提出了非线性超声热成像，将其用于检测航空结构中常见的 CFRP 加强板[169]和面板[170]中几乎不可见冲击损伤（barely visible impact damage，BVID），如图 1-11 所示。Segers 等[171]为使缺陷区域摩擦生热和黏弹性生热进一步增强，提出了基于面内 LDR 的超声热成像，并应用于对 BVID 的检测。和文献[168]类似，Hedayatrasa 等[172]采用两个具有升降频率调制率的连续宽带扫描振动激励，用于补偿 LDR 生热的热延迟，进而得到正确的 LDR 频率。Hedayatrasa 等[173]将基于巴克码的幅值调制振动激励用于检测 CFRP 中的冲击损伤。结果表明，相比传统锁相振动热成像，该方法可以检测出较深的分层缺陷，而且具有较高的对比度噪声比。Hedayatrasa 等[174]还提出了相位反演热波成像方法，该方法可以通过提取热信号中的谐波分量，进一步增强信噪比和提高缺陷的可检测性，能够实现对 CFRP 平板中 BVID 的检测。针对结构更加复杂的航空材料，如对蜂窝夹层结构缺陷的检测，Ibarra-Castanedo 等[112]将超声热成像与光激励脉冲热成像和光激励锁相热成像进行了对比，结果表明超声热成像具有激励能量低、检测深度深等优势，适合对微裂纹的检测，但对水浸的检测不如光激励检测直观。刘慧[175]利用锁相超声红外技术检测了蒙皮与蜂窝芯的脱黏缺陷，并通过相位图检出脱黏的位置信息。

通过上述讨论可以看出，超声红外热成像技术对航空用 CFRP、GFRP 等复合材料中冲击损伤、夹杂、孔隙、裂纹等缺陷的检测效果显著，甚至可以借助 LDR 轻松检出 BVID，不过是以增加激励装置的复杂程度为代价的。此外，针对缺陷尺寸定量化、检测自动化和识别智能化等方面的相关研究较少。

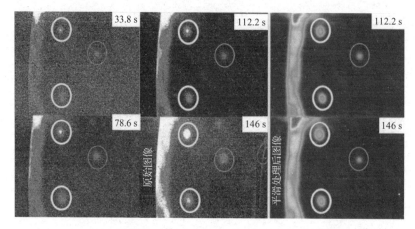

图 1-11　在非线性超声激励下复合材料中 BVID 的热像图

1.4.4　对其他材料缺陷的检测

超声红外热成像不仅对金属结构和复合材料中的缺陷检测具有一定优势，还能应用于对其他材料中闭合性缺陷的检测。这里重点关注含涂层材料、混凝土结构材料、木结构材料和牙齿四类材料。

1. 对含涂层材料缺陷的检测评估

表面带有涂层的材料，涂层及基体材料在服役过程中受到交变应力、热应力等荷载作用，可能会产生接触疲劳失效的情况，主要包括磨损、分层、剥落、裂纹等失效形式。涂层疲劳失效会引起涂层局部功能失效，最终导致涂层剥落，而涂层下基体疲劳失效的最常见形式为疲劳裂纹，直接影响材料强度和刚度，甚至会引起结构破坏，酿成严重事故。以上失效形式一般无法通过肉眼发现，也无法采用传统的渗透、磁粉等方法进行检测。

J. M. Piau 等[176]利用超声红外热成像技术对碳化钨等离子喷涂涂层中的微裂纹进行了检测，发现幅值调制激励比脉冲激励对裂纹的检测效果更好。S. Chaki 等[177]针对等离子喷涂陶瓷涂层与钢板基体之间的界面缺陷，重点对比分析了光激励热成像和超声红外热成像的检测性能。实验结果表明，在锁相信号控制下，两种方法均能通过相位图实现对缺陷的检测定位，但由于超声枪与被测对象之间存在接触能量损失的情况，超声红外热成像的表现并不理想。为提升检测效果，B. Weekes 等[178]对金属黏结层和陶瓷热障涂层下基体中的疲劳裂纹进行了检测，研究了预紧力对裂纹可检测性的影响。D. P. Almond 等[179]进一步对比分析了激光热成像与超声红外热成像对同类型疲劳裂纹的检测效果。郭伟等[180]研究了火焰喷涂合金涂层对基体裂纹生热机制的影响，重点分析了裂纹识别的最佳时间，并通过提取裂纹骨架实现了对裂纹长度的计算，并进一步结合多项式拟合和小波分解算法提高了超声红外热成像的时频分辨率[181]。他们还采用相位偏移方法，通过提取热障涂层表面的相位特征，识别涂层下基体中的疲劳裂纹，如图 1-12（b）所示[182, 183]。

（a）裂纹1的SEM截面形貌　　　　（b）激励1s后的热像图　　　　（c）裂纹2的SEM截面形貌

图 1-12　超声激励下试件涂层表面热像图及两个裂纹的
扫描电子显微镜（SEM）截面形貌[183]

针对含涂覆层的空腔叶片裂纹，袁雅妮等[184]对比分析了荧光渗透和超声红外热成像的检测效果。实验结果表明，超声红外热成像对裂纹的检测受涂覆层状态的影响较小，可检出荧光检测漏检的裂纹。习小文等[185]还对服役中的含裂纹航空发动机工作叶片进行了检测，表明超声红外热成像技术可以有效发现叶片的疲劳损伤和宽度约为 0.5μm 的微裂纹。F. Mevissen 等[186]设计了一套针对涡轮叶片的检测系统，不同之处在于叶片通过夹具固定，而激励装置（压电换能器）与夹具相连，使叶片与激励装置未直接接触，从而起到保护叶片及其热障涂层的作用，该系统如图 1-13 所示。

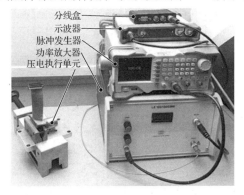

图 1-13　用于检测涡轮叶片的基于间接激励的超声红外热成像系统[186]

此外，涡轮叶片表面的热障涂层对于保护基体结构，提高叶片耐腐蚀、高温、冲击等性能，具有至关重要的作用。在叶片服役过程中，热障涂层常见的损伤形式包括变薄、脱黏、开裂[187]。J. M. Piau 等[188]利用超声红外热成像技术检测了贯穿热障涂层的裂纹，并对比了短时脉冲和锁相两种激励方式。结果表明，通过锁相激励得到的相位图效果更好。Holland[189]通过广谱超声红外热成像系统初步实现了对热障涂层脱黏的识别。Q. Wei 等[190]设计了一套可选频的低功率压电陶瓷超声激励装置，并对比分析了热信号重构（TSR）、主成分分析（PCA）和快速傅里叶变换（FFT）三种热成像处理方法对热障涂层脱黏检测的效果。

2. 对混凝土结构材料缺陷的检测评估

混凝土是目前建筑结构中使用最多的材料，受原材料、施工工艺、使用环境等多种因素的影响，混凝土结构的性能会随着使用期限的增加而降低，产生开裂、疏松、空洞等表面或者内部缺陷。其中开裂是混凝土结构在服役期内最常见的缺陷形式，裂缝不仅会降低混凝土结构整体性能及承载能力，还会加快结构老化，对结构的安全性和耐久性有重要影响。

Q. He 针对受火后柱状混凝土结构中所含的裂纹，开展了以超声红外热成像技术对其进行检测的可行性研究[191]。汤雷等[192]通过实验研究，发现若激励功率和频率较低，混凝土结构温度升高不明显，从而搭建了基于高功率超声换能器的超声热成像检测系统，实现了对混凝土中疏松缺陷的检测。胡振华等[193]研究了混凝土中裂纹缺陷的生热机理，并建立了超声激励下裂纹处瞬态温度场的 ANSYS 有限元仿真模型。该团队还分析了信噪比、热激励和预紧力三个因素对混凝土结构检测效果的影响[194]，并借助有限元仿真模型，研究了混凝土裂缝宽度、混凝土厚度、超声波振幅、超声波频率、超声激励位置五个参数对检测结果的影响规律。Y. Jia 等[195]研究发现混凝土中的粗骨料并不影响超声红外热成像对裂纹的检测。他们还进一步研究了不同宽度的裂纹分别在 20kHz 和 40 kHz 激励频率下的生热特性[196]。任荣则重点讨论了超声激励下裂缝的生热机理并建立了基于 LS-DYNA 的有限元仿真模型[197]。其所在团队还通过实验研究证明裂缝生热来源于裂缝面的接触、碰撞和滑移作用，且生热区域主要集中在裂缝面的中下部[198]。K. Hashimoto 等[199]利用超声红外热成像技术实现了对柱状砂浆和混凝土材料中裂纹的检测，并建立了在压缩荷载作用下砂浆试件表面温度升高与损伤程度之间的定量关系。

3．对木结构材料缺陷的检测评估

金属和混凝土材料多用于现代建筑，而木结构材料是应用时间最长久的建筑材料之一，常见于历史建筑。历史建筑大多数建造年代久远，易受承载、温度、湿度、虫蚁等因素影响，必然存在结构性能的退化，产生开裂、腐朽、疏松、虫蛀等缺陷，严重时甚至导致结构断裂，造成安全隐患。因此，对木结构材料缺陷的检测和对木结构的安全评估显得至关重要。

疏松木节缺陷一般很难通过肉眼观察发现，P. Meinlschmidt[200]借助超声红外热成像的振动摩擦生热效应，轻松实现了对疏松木节的定位。M.Y. Choi 等[201]改进了超声枪的工具杆形状，将其由原来的柱状结构改变为音叉状结构，提升了对分层缺陷的检测能力。D. Popovic[202]对比分析了光激励热成像和超声红外热成像对橡木薄板中裂纹的检测效果，得到超声红外热成像对于裂纹分类准确率更高的结论。T. Pahlberg 等[203]进一步将超声红外热成像与机器学习相结合，实现了对橡木薄板中细裂纹的检测与分类。

4．对牙齿微裂纹的检测评估

超声红外热成像技术的另一个典型应用就是对牙齿微裂纹的检测。由于裂纹非常细小，早期裂齿症的临床反应不明显，极易漏诊。若未能及时发现和处理这些裂纹，牙齿在咀嚼时继续受力，裂纹会逐渐扩展至牙本质层，进而导致牙髓炎，甚至使牙齿完全断裂。

X. Han 等[204]初步进行了用超声红外热成像技术对牙齿微裂纹进行检测的可行性研究，认为此项检测可作为洁牙过程的一个环节[205]。M. Matsushita-Tokugawa 等[206]研究了超声激励幅值、时间、角度等参数对牙根部微裂纹检测效果的影响。M. K. Khandelwal[207]进一步通过实验得到了超声激励幅值和角度的最佳组合，用于检测牙釉质和牙本质中的微裂纹。不过，M. Yu 等[208]提出振动是否会加剧裂纹扩展并影响牙髓健康的问题，这一方面还有待进一步研究。J. Guo 等[209]认为在人工智能的辅助下，超声红外热成像技术可以从初步对裂纹定位提升到对裂纹形貌、长度、宽度、密度等参数的量化。

参考文献

[1] 耿荣生. 新千年的无损检测技术：从罗马会议看无损检测技术的发展方向[J]. 无损检测，2001, (01): 2-5, 12.

[2] KRAUTKRÄMER J, KRAUKRÄMER H. Ultrasonic testing of materials[M]. New York: Springer, 2002.

[3] 张海燕，吴淼，孙智，等. 小波变换和模糊模式识别技术在金属超声检测缺陷分类中的应用[J]. 无损检测，2000, 2: 51-54.

[4] 史俊伟，刘松平，荀国立. 复合材料孔隙超声反射法和穿透法检测对比分析[J]. 航空材料学报，2020, 40(2): 89-99.

[5] TIAN G Y, SOPHIAN A, TAYLOR D, et al. Multiple sensors on pulsed eddy-current detection for 3-D subsurface crack assessment[J]. IEEE Sensors Journal, 2005, 1: 90-96.

[6] 叶子郁，朱目成. 应用脉冲涡流检测金属表面裂纹的研究[J]. 计量技术，2005, 10: 16-18.

[7] CHEN Z, AOTO K, MIYA K. Reconstruction of cracks with physical closure from signals of eddy current testing[J]. IEEE Transactions on Magnetics, 2000, 4: 1018-1022.

[8] FÖRSTER F. New findings in the field of non-destructive magnetic leakage field inspection[J]. NDT International, 1986, 1: 3-14.

[9] 康宜华，武新军. 数字化磁性无损检测技术[M]. 北京：机械工业出版社，2007.

[10] WU J, YANG Y, LI E, et al. A High-Sensitivity MFL Method for Tiny Cracks in Bearing Rings[J]. IEEE Transactions on Magnetics, 2018, 6: 1-8.

[11] 钱其林. 荧光磁粉探伤法应用技术探讨[J]. 无损探伤，2002, 26(6): 16-18.

[12] EISENMANN D J, ENYART D, LO C, et al. Review of progress in magnetic particle inspection[C]. AIP Conference Proceeding, 2014, 1581: 1505-1510.

[13] 徐桂荣，刘甜甜，关雪松，等. 航空产品磁粉检测与渗透检测分析[J]. 兵器材料科学与工程，2021, 44(6): 123-127.

[14] 戴雪梅，苏清风，朱晓星. 荧光渗透检测在航空发动机研制阶段的应用[J]. 铸造，2011, 10: 53-56.

[15] XU G, GUAN X, QIAO Y, et al. Analysis and innovation for penetrant testing for airplane parts[J]. Procedia Engineering, 2015, 99: 1438-1442.

[16] 王伟. 渗透检测的缺陷检出能力及影响因素[J]. 无损检测, 2020, 42(12): 48-51.

[17] WITHERS P J, PREUSS M. Fatigue and damage in structural materials studied by X-ray tomography[J]. Annual Review of Materials Research, 2012, 42: 81-103.

[18] NAEIMI M, LI Z, QIAN Z, et al. Reconstruction of the rolling contact fatigue cracks in rails using X-ray computed tomography[J]. NDT & E International, 2017, 92: 199-212.

[19] 董方旭, 王从科, 凡丽梅, 等. X 射线检测技术在复合材料检测中的应用与发展[J]. 无损检测, 2016(2): 67-72.

[20] 田贵云, 高斌, 高运来, 等. 铁路钢轨缺陷伤损巡检与监测技术综述[J]. 仪器仪表学报, 2016, 37(8): 1763-1780.

[21] 沈功田, 张万岭, 王勇. 压力容器无损检测：低温压力容器的无损检测技术[J]. 无损检测, 2005, 27(11): 592-595.

[22] REIMUND V, BLOME M, PELKNER M, et al. Fast defect parameter estimation based on magnetic flux leakage measurements with GMR sensors[J]. International Journal of Applied Electromagnetics and Mechanics, 2011, 37: 199-205.

[23] 李二龙, 康宜华, 杨芸, 等. 轮毂轴承旋压面的漏磁检测[J]. 轴承, 2016, 5: 42-45.

[24] KITTEL C. Theory of the formation of powder patterns on ferromagnetic crystals[J]. Physical Review, 1949, 10: 1527.

[25] 胡学知. 渗透检测[M]. 北京：中国劳动社会保障出版社, 2007.

[26] 王建龙. 辐射防护基础教程[M]. 北京：清华大学出版社, 2012.

[27] 马保全, 周正干. 航空航天复合材料结构非接触无损检测技术的进展及发展趋势[J]. 航空学报, 2014, 35(7): 1787-1803.

[28] VOLLMER M, MÖLLMANN K P, Infrared thermal imaging: fundamentals, research and applications[M]. Weinheim: Wiley-VCH, 2018.

[29] 张建合, 郭广平. 国内外飞速发展的热成像无损检测技术[J]. 无损探伤, 2005, 1: 1-4.

[30] MALDAGUE X P, GALMICHE F, ZIADI A. Advances in pulsed phase thermography[J]. Infrared Physics & Technology, 2002, 43: 175-181.

[31] FAVRO L D, THOMAS R L, HAN X, et al. Sonic infrared imaging of fatigue cracks[J]. International Journal of Fatigue, 2001, 23: 471-476.

[32] LIU J, GONG J, QIN L, et al. Study of inspection on metal sheet with subsurface defects using linear frequency modulated ultrasound excitation thermal-wave imaging (LFMUTWI)[J]. Infrared Physics & Technology, 2014, 62: 136-142.

[33] MIN Q, ZHU J, FENG F, et al. Study on optimization method of test conditions for fatigue crack detection using lock-in vibrothermography[J]. Infrared Physics & Technology, 2017, 83: 17-23.

[34] GUO X, MAO Y. Defect identification based on parameter estimation of histogram in ultrasonic IR thermography[J]. Mechanical Systems and Signal Processing, 2015, 58: 218-227.

[35] LI Y, TIAN G, YANG Z, et al. The use of vibrothermography for detecting and sizing low energy impact damage of CFRP laminate[J]. Advanced Composites Letters, 2017, 26: 162-167.

[36] PAHLBERG T, THURLEY M, POPOVIC D, et al. Crack detection in oak flooring lamellae using ultrasound-excited thermography[J]. Infrared Physics & Technology, 2018, 88: 57-69.

[37] RENSHAW J, HOLLAND S D, THOMPSON R B, et al. Vibration-induced tribological damage to fracture surfaces via vibrothermography[J]. International Journal of Fatigue, 2011, 33: 849-857.

[38] BUSSE G, BAUER M, RIPPEL W, et al. Lockin vibrothermal inspection of polymer composites[C]. QIRT, 1992:154-159.

[39] RANTALA J, WU D, BUSSE G. Amplitude-modulated lock-in vibrothermography for NDE of polymers and composites[J]. Research in Nondestructive Evaluation, 1996(7):215-228.

[40] WU D, BUSSE G. Lock-in thermography for nondestructive evaluation of materials[J]. Revue Générale de Thermique, 1998, 37: 693-703.

[41] FAVRO L D, HAN X, ZHONG O, et al. Infrared imaging of defects heated by a sonic pulse[J]. Review of Scien-tific Instrument, 2000, 71(6): 2418-2412.

[42] HAN X, LI W, ZENG Z, et al. Acoustic chaos and sonic infrared imaging[J].

Applied Physics Letters, 2002, 81:3188-3190.

[43] SOLODOV I, WACKERL J, PFLEIDERER K, et al. Nonlinear self-modulation and subharmonic acoustic spectroscopy for damage detection and location[J]. Applied Physics Letters, 2004, 84: 5386-5388.

[44] ZHENG K, ZHANG H, ZHANG S, et al. A dynamical model of subharmonic generation in ultrasonic infrared thermography[J]. Ultrasonics, 2006, 44: e1343-e1347.

[45] ZHENG K, ZHANG S, CHEN Z, et al. Anomalous subharmonics excited by intensive ultrasonic pulses with a single frequency[J]. Applied Physics Letter, 2008, 92: 221902.

[46] CHEN Z, ZHANG S, ZHENG K, et al. Quasisubharmonic vibrations in metal plates excited by high-power ultrasonic pulses[J]. Journal of Applied Physics, 2009.106: 023507.

[47] 陈赵江，张淑仪，郑凯. 高功率超声脉冲激励下金属板的非线性振动现象研究[J]. 物理学报，2010, 59(6): 4071-4083.

[48] CHEN C. Nonlinear dynamics of thin plates excited by a high-power ultrasonic transducer. Nonlinear Dynamics, 2016, 84(1): 355-370.

[49] HOMMA C, ROTHENFUSSER M, BAUMANN J, et al. Study of the heat generation mechanism in acoustic thermography[C]. AIP Conference Proceedings, 2006, 820: 566-573.

[50] MABROUKI F, THOMAS M, GENEST M, et al. Frictional heating model for efficient use of vibrothermography[J]. NDT & E International, 2009, 42: 345-352.

[51] RENSHAW J, HOLLAND S D, BARNARD D J. Viscous material-filled synthetic defects for vibrothermography[J]. NDT&E International, 2009, 42: 753-756.

[52] RENSHAW J, CHEN J C, HOLLAND S D, et al. The sources of heat generation in vibrothermography[J]. NDT&E International, 2011, 44: 736-739.

[53] 冯辅周，张超省，闵庆旭，等. 超声红外热成像技术中金属平板裂纹的生热特性[J]. 红外与激光工程，2015, 44(5): 1456-1461.

[54] FENG F, ZHANG C, MIN Q, et al. Heating characterization of the

thickness-through fatigue crack in metal plate using sonic IR imaging[J]. NDT & E International, 2017, 87: 38-43.

[55] 冯辅周，闵庆旭，朱俊臻，等. 超声红外锁相热像中金属疲劳裂纹的生热特性[J]. 红外与激光工程，2017, 046(7): 96-101.

[56] 米小兵，张淑仪. 超声引起固体微裂纹局部发热的理论计算[J]. 自然科学进展，2004, 14(6): 628-634.

[57] MIAN A, NEWAZ G, HAN X, et al. Response of Sub-surface fatigue damage under sonic load-a computational study[J]. Composites Science and Technology, 2004, 64: 1115-1122.

[58] HAN X, ISLAM M S, NEWAZ G, et al. Finite element modeling of acoustic chaos to sonic infrared imaging[J]. Journal of Applied Physics, 2005, 98: 014907.

[59] HAN X, ISLAM S, NEWAZ G, et al. Finite element modeling of the heating of cracks during sonic infrared Imaging[J]. Journal of Applied Physics, 2006, 99: 074905.

[60] PIECZONKA L J, STASZEWSKI W J, AYMERICH F, et al. Numerical simulations for impact damage detection in composites using vibrothermography[C]. IOP Conference Series: Materials Science and Engineerin, 2010: 012062.

[61] CHEN Z, ZHENG J, ZHANG S, et al. Finite element modeling of heating phenomena of cracks excited by high-intensity ultrasonic pulses[J]. Chinese Physics B, 2010, 19(11): 118104.

[62] 冯辅周，张超省，张丽霞，等. 超声激励条件下微裂纹生热的有限元分析及实验研究[J]. 装甲兵工程学院学报，2011, 25(5):79-83.

[63] 陈赵江，张淑仪. 强超声脉冲激励下金属板超谐波和次谐波振动的有限元分析[J]. 声学学报，2011, 36(2): 102-112.

[64] ZHANG D, HAN X, NEWAZ G, et al. Modeling turbine blade crack detection in sonic IR imaging with a method of creating flat crack surface in finite element analysis[C]// In AIP Conference Proceedings, 2012, 1430: 527-532.

[65] ZHANG D, HAN X, NEWAZ G, et al. Improvements on FEA with a two-step simulation of experimental procedures in turbine blade crack

detection in sonic IR NDE[C]. Quantitative Nondestructive Evaluation. In AIP Conference Proceedings, 2013, 1511:518-524.

[66] 金国锋, 张炜, 宋远佳, 等. 含曲率结构裂纹的超声红外热波检测数值仿真[J]. 科学技术与工程, 2013(3): 776-779.

[67] 冯辅周, 闵庆旭, 张超省, 等. 超声红外热像技术仿真模拟的电-力类比激励方法[J]. 无损检测, 2014, 36(7): 1-5.

[68] 管和清, 郭兴旺, 马丰年. 铝合金梁裂纹振动红外热像检测的数值模拟[J]. 无损检测, 2016(9): 1-5.

[69] 徐欢, 殷晨波, 李向东, 等. 超声红外检测中裂纹微观界面生热的数值模拟[J]. 南京工业大学学报: 自然科学版, 2019, 41(4): 493-500.

[70] 蒋雅君, 任荣, 冯辅周, 等. 超声激励下混凝土板裂缝发热的有限元分析[J]. 防灾减灾工程学报, 2020, 40(6):892-900.

[71] HAN X. Frequency dependence of the thermosonic effect[J]. Review of Scientific Instruments, 2003, 74: 414-416.

[72] MILLER W O, DARNELL I M, BURKE M W, et al. Defining the envelope for sonic IR: detection limits and damage limits[C]. Proceedings of SPIE, 2003, 5073: 406-416.

[73] MAYTON D J, SPENCER F. A design of experiments approach to characterizing the effects of sonic IR variables[C]. Proceedings of SPIE, 2004, 5405: 322-331.

[74] SHEPARD S M, AHMED T, LHOTA J R. Experimental considerations in vibrothermography[C]. Proceedings of SPIE, 2004, 5405:332-335.

[75] KEPHART J, CHEN J, ZHANG H. Characterization of crack propagation during sonic IR inspection[C]. Proceedings of SPIE, 2005, 5782: 234-244.

[76] HAN X, YU R. Studying the effect of coupling materials in sonic IR imaging[C]. Proceedings of SPIE, 2007, 6529: 652937.

[77] 郑江, 郑凯, 张淑仪. 超声源位置对激发裂纹热成像的影响[J]. 无损检测, 2009,31(12): 946-949.

[78] ZHANG W, HOLLAND S D, RENSHAW J. Frequency dependence of vibrothermography[C]. AIP Conference Proceedings, 2010, 1211: 505-509.

[79] 曹善友, 郭兴旺. 超声振动红外热像法的影响因素[J]. 无损检测, 2010(10): 776-779,784.

[80] HAN X, FAVRO L D, THOMAS R L. Sonic IR imaging of delaminations and disbonds in composites[J]. Journal of Physics D: Applied Physics, 2011, 44: 034013.

[81] SONG Y, HAN X. Further study of coupling materials on aluminum sample using sonic IR[C]. AIP Conference Proceedings, 2012, 1430:546-551.

[82] HAN X, SONG Y. Study the effect of engagement force of ultrasound transducer on crack detectability in sonic IR imaging[C]. AIP Conference Proceedings, 2013, 1511:532-538.

[83] GAO C, MEEKER W Q, MAYTON D. Detecting cracks in aircraft engine fan blades using vibrothermography nondestructive evaluation[J]. Reliability Engineering and System Safety, 2014, 131: 229-235.

[84] 张超省，宋爱斌，冯辅周，等. 超声红外热像检测条件的优化方法研究[J]. 红外与激光工程，2016, 45(2): 1-8.

[85] JIA Y, ZHANG R, ZHANG W, et al. Rapid Detection of Cracks in Turbine Blades Using Ultrasonic Infrared Thermography[C]. IOP Conference Series: Materials Science and Engineering 2018, 389: 012023.

[86] 郑凯，张淑仪，张辉，等. 超声红外热成像中缺陷的自动识别[C]. 中国声学学会 2005 年青年学术会议论文集: 333-335.

[87] HAN X, HE Q. Developing thermal energy computing tools for sonic infrared imaging[C]. Proceedings of SPIE, 2006, 6174: 617432.

[88] LI M, HOLLAND S D, MEEKER W Q. Automatic crack detection algorithm for vibrothermography sequence-of-images data[C]. AIP Conference Proceedings, 2010, 1211: 1919-1926.

[89] LI M, HOLLAND S D, MEEKER W Q. Statistical methods for automatic crack detection based on vibrothermography sequence-of-images data[J]. Applied Stochastic Models in Business and Industry, 2010, 26(5): 481-495.

[90] HOLLAND S D, RENSHAW J. Physics-based image enhancement for infrared thermography[J]. NDT & E International, 2010, 43: 440-445.

[91] 冯辅周，张超省，袁建，等. 超声红外热像技术中裂纹的识别和重构[J]. 无损检测，2011, 33(11): 17-20.

[92] HOLLAND S D. Thermographic signal reconstruction for vibrothermography[J]. Infrared Physics & Technology, 2011, 54: 503-511.

[93] CHEN D, WU N, ZHANG Z. Defect recognition in thermosonic imaging[J]. Chinese Journal of Aeronautics, 2012, 25: 657-662.

[94] 冯辅周，张超省，江鹏程，等. 超声红外热像技术中缺陷的自动识别[J]. 激光与红外，2012, 42(10): 1149-1153.

[95] ZENG Z, TAO N, FENG L, et al. Developing signal processing method for recognizing defects in metal samples based on heat diffusion properties in sonic infrared image sequences[J]. Optical Engineering, 2013, 52(6): 061309.

[96] MIN Q, ZHU J, SUN J, et al. Investigation of heat source reconstruction of thickness-through fatigue crack using lock-in vibrothermography[J]. Infrared Physics & Technology, 2018, 94: 291-298.

[97] 林丽，刘新，朱俊臻，等. 基于 CNN 的金属疲劳裂纹超声红外热像检测与识别方法研究[J]. 红外与激光工程，2022, 51(3): 1-9.

[98] LU J, HAN X, NEWAZ G, et al. Study of the effect of crack closure in sonic infrared imaging[J]. Nondestructive Testing and Evaluation, 2007, 22: 127-135.

[99] HOLLAND S D, UHL C, RENSHAW J. Toward a viable strategy for estimating vibrothermographic probability of detection[C]. AIP Conference Proceedings, 2008, 975: 491-497.

[100] RENSHAW J, HOLLAND S D, THOMPSON R B, et al. The effect of crack closure on heat generation on vibrothermography[C]. AIP Conference Proceedings, 2009, 1096: 473-480.

[101] MORBIDINI M, CAWLEY P. The detectability of cracks using sonic IR[J]. Journal of Applied Physics, 2009, 105:093530.

[102] MORBIDINI M, CAWLEY P. A calibration procedure for sonic infrared nondestructive evaluation[J]. Journal of Applied Physics, 2009, 106: 023504.

[103] HOLLAND S D, UHL C, ZHONG O, et al. Quantifying the vibrothermographic effect[J]. NDT & E International, 2011, 44: 775-782.

[104] LI M, HOLLAND S D, MEEKER W Q. Quantitative multi-inspection-site comparison of probability of detection for vibrothermography nondestructive evaluation data[J]. Journal of Nondestructive Evaluation,

2011, 30: 172-178.

[105] RIDDELL W T, CHEN J, WONG C H. Effect of fatigue precracking on crack engagement during Sonic IR Testing[J]. Research in Nondestructive Evaluation, 2013, 24: 18-34.

[106] 冯辅周，张超省，宋爱斌，等. 超声红外热像检测中疲劳裂纹的检出概率模型研究[J]. 红外与激光工程，2016, 45(3): 1-6.

[107] FAVRO L D, HAN X, ZHONG O, et al. Sonic IR imaging of cracks and delaminations[J]. Analytical Sciences, 2001, 17(S): s451-s453.

[108] HAN X, FAVRO L D, ZHONG O, et al. Thermosonics: detecting cracks and adhesion defects using ultrasonic excitation and infrared imaging[J]. The Journal of Adhesion, 2001, 76(2): 151-162.

[109] BURKE M W, MILLER W O. Status of VibroIR at Lawrence Livermore National Laboratory[C]. Proceeding of SPIE, 2004, 5405:313-321.

[110] HAN X, LU J, ISLAM M S, et al. Sonic infrared imaging NDE[C]. Proceedings of SPIE, 2005, 5765: 142-147.

[111] PIAU J M, BENDADA A, MALDAGUE X, et al. Nondestructive inspection of open micro-cracks in thermally sprayed-coatings using ultrasound excited vibrothermography[C]. Proceedings of SPIE, 2007, 6541: 654112.

[112] IBARRA-CASTANEDO C, GENEST M, GUIBERT S, et al. Inspection of aerospace materials by pulsed thermography, lock-in thermography and vibrothermography: A comparative study[C]. Proceedings of SPIE, 2007, 6541: 654116.

[113] HAN X, HE Q, SEBASTIJANOVIC N, et al. Developing hybrid structural health monitoring via integrated global sensing and local infrared imaging[C]. Proceedings of SPIE, 2007, 6529: 65291E.

[114] HOLLAND S D. First measurements from a new broadband vibrothermography measurement system[C]. AIP Conference Proceedings 2007, 894: 478-483.

[115] LIVELY J, ZHONG O, BRASCHE L, et al. Status of FAA studies in thermal acoustics[C]. AIP Conference Proceedings, 2008, 975: 1551-158.

[116] CHOI M Y, PARK J H, KIM W T, et al. Detection of delamination defect

inside timber by sonic IR[C]. Proceedings of SPIE, 2008, 6939: 69391F.

[117] 陈大鹏, 张存林, 李晓丽, 等. 超声热红外技术在无损检测领域中的应用[J]. 激光与红外, 2008, 38(8): 778-780.

[118] 邢春飞, 李艳红, 陈大鹏, 等. 基于超声红外技术对金属管内壁缺陷的检测[J]. 应用光学, 2009, 30(3): 465-468.

[119] 冯辅周, 张超省, 张丽霞, 等. 红外热波技术在装甲装备故障诊断和缺陷检测中的应用[J]. 应用光学, 2012, 33(5): 827-831.

[120] 胡振华, 汤雷. 超声红外热像技术在混凝土结构检测中的应用[J]. 混凝土, 2013(7): 124-126,130.

[121] 陈永, 毛羽鑫. 基于小波的振动热像检测缺陷特征增强[J]. 机械工程师, 2014(8): 13-15.

[122] 唐长明, 钟舜聪, 戴晨煜, 等. 奥氏体不锈钢焊缝裂纹的超声红外热像检测[J]. 无损检测, 2019, 41(5): 33-37,53.

[123] 米浩, 杨明, 于磊, 等. 基于超声红外热成像的缺陷检测与定位研究[J]. 振动、测试与诊断, 2020, 40(1): 101-106.

[124] 敬甫盛, 李朋, 江海军, 等. 基于超声热波成像技术的机车钩舌的裂纹检测[J]. 红外技术, 2020, 42(2): 158-162.

[125] 刘海龙, 郑飞, 吴海波. 超声激励下的裂纹区域温度缺陷信号特征分析[J]. 机械设计与制造, 2021(6): 274-278.

[126] MILLER W O. Evaluation of Sonic IR for NDE at Lawrence Livermore National Laboratory[C]. Thermosense XXIII 2001, 4360: 534-545.

[127] HE Q, HAN X. Crack detection using sonic infrared imaging in steel structures: experiments and theory of heating patterns[C]. Sensors and Smart Structures Technologies for Civil, Mechanical, and Aerospace Systems, 2009, 7292: 248-254.

[128] 杨小林, 谢小荣, 江涛, 等. 疲劳裂纹的振动红外热成像检测[J]. 激光与红外, 2007, 37(5): 442-444.

[129] MENDIOROZ A, APIÑANIZ E, SALAZAR A, et al. Quantitative study of buried heat sources by lock-in vi-brothermography: an approach to crack characterization[J]. Journal of Physics D: Applied Physics, 2009, 42(5): 055502.

[130] MENDIOROZ A, CASTELO A, CELORRIO R, et al. Characterization

and spatial resolution of cracks using lock-in vibrothermography[J]. NDT & E International, 2014, 66: 8-15.

[131] CASTELO A, MENDIOROZ A, CELORRIO R, et al. Optimizing the inversion protocol to determine the geometry of vertical cracks from lock-in vibrothermography[J]. Journal of Nondestructive Evaluation, 2017,36(1): 1-12.

[132] MENDIOROZ A, CELORRIO R, CIFUENTES A, et al. Sizing vertical cracks using burst vibrothermography[J]. NDT & E International, 2016, 84: 36-46.

[133] MENDIOROZ A, MARTÍNez K, CELORRIO R, et al. Characterizing the shape and heat production of open vertical cracks in burst vibrothermography experiments[J]. NDT & E International, 2019, 102: 234-243.

[134] 尚晓晴, 曾小勤. 航空金属材料的损伤机制与预测方法[J]. 民用飞机设计与研究，2022(1): 127-137.

[135] ZHONG O, FAVRO L D, THOMAS R L, et al. Theoretical modeling of thermosonic imaging of cracks[C]. AIP Conference Proceedings. 2002, 615: 577-581.

[136] OBEIDAT O, YU Q, FAVRO L, et al. The effect of defect size on the quantitative estimation of defect depth using sonic infrared imaging[J]. Review of Scientific Instruments, 2019, 90(5): 054902.

[137] 高治峰，董丽虹，王海斗，等. 铝合金疲劳裂纹振动红外热成像检测研究[J]. 2020, 10: 1207-1211.

[138] RENSHAW J, HOLLAND S D, THOMPSON R B. Measurement of crack opening stresses and crack closure stress profiles from heat generation in vibrating cracks[J]. Applied Physics Letters, 2008, 93(8): 081914.

[139] HOLLAND S D, UHL C, RENSHAW J. Vibrothermographic crack heating: A function of vibration and crack size[C]. AIP Conference Proceedings, 2009, 1096: 489-494.

[140] VADDI J S, LESTHAEGHE1 T J, HOLLAND S D. Determining heat intensity of a fatigue crack from measured surface temperature for vibrothermography[J]. Measurement Science and Technology, 2020, 31(9): 094007.

[141] ZENG Z, ZHOU J, TAO N, et al. Support vector machines based defect recognition in SonicIR using 2D heat diffusion features[J]. NDT & E International, 2012, 47: 116-123.

[142] SALAZAR A, MENDIOROZ A, APINANIZ E, et al. Characterization of delaminations by lock-in vibrothermography[C]. 15th International Conference on Photoacoustic and Photothermal Phenomena, 2010, 214: 012079.

[143] 李文辉，温学杰，李秀红，等. 航空发动机叶片再制造技术的应用及其发展趋势[J]. 金刚石与磨料磨具工程，2022, 41(4): 8-18.

[144] 何嘉辉，张栋善，赵成，等. 航空发动机叶片裂纹检测技术及应用分析[J]. 内燃机与配件，2020(15): 151-152.

[145] 王浩，刘佳，吴易泽，等. 主动红外热像技术在航空发动机叶片缺陷检测中的研究和应用进展[J]. 激光与红外，2021, 51(12): 1554-1562.

[146] BOLU G, GACHAGAN A, PIERCE G, et al. Reliable thermosonic inspection of aero engine turbine blades[J]. Insight-Non-Destructive Testing and Condition Monitoring, 2010, 52(9): 488-493.

[147] BOLU G. An investigation into the reliability of thermosonics for aero engine turbine blade inspec-tion[D]. Glasgow: University of Strathclyde, 2013.

[148] DYRWAL A, MEO M, CIAMPA F. Nonlinear air-coupled thermosonics for fatigue micro-damage detection and localization[J]. NDT & E International, 2018, 97: 59-67.

[149] 江海军，陈力，魏益兵，等. 超声热波成像技术应用于航空发动机叶片裂纹的检测[C]. 2018 远东无损检测新技术论坛论文集: 618-621.

[150] 苏清风，习小文，袁雅妮，等. 超声红外热像技术在航空发动机叶片裂纹检测中的应用[J]. 无损检测，2019(4): 54-47.

[151] 贾庸，张瑞民，张炜，等. 超声热成像对含曲率 TC4 结构表面裂纹的检测仿真[J]. 表面技术，2018, 47(10): 302-308.

[152] 寇光杰，杨正伟，贾庸，等. 复杂型面叶片裂纹的超声红外热成像检测[J]. 红外与激光工程，2019, 48(12): 1-9.

[153] 郭广平，丁传富. 航空材料力学性能检测[M]. 北京: 机械工业出版社，2017: 3.

[154] 王成亮, 杨波. 飞机复合材料超声红外无损检测实验研究[J]. 激光与红外, 2010, 40(4): 377-379.

[155] 王成亮, 杨波. 复合材料冲击损伤的超声红外检测[J]. 无损检测, 2010(11): 893-897.

[156] 宋远佳, 张炜, 田干, 等. 基于超声红外热成像技术的复合材料损伤检测[J]. 2012, 35(4): 559-564.

[157] HAN X, ZHAO S, ZHANG D, et al. Develop sonic infrared imaging NDE for quantitative assessment on damage in aircraft composite structures[C]. 11th International Conference on Quantitative InfraRed Thermography, 2012, 185: 11-14.

[158] 金国锋, 张炜, 杨正伟, 等. 界面贴合型缺陷的超声红外热波检测与识别[J]. 四川大学学报: 工程科学版, 2013(2): 167-175.

[159] LI Y, YANG Z, ZHU J, et al. Investigation on the damage evolution in the impacted composite material based on active infrared thermography[J]. NDT & E International, 2016, 83: 114-122.

[160] LI Y, ZHANG W, YANG Z, et al. Low-velocity impact damage characterization of carbon fiber reinforced polymer (CFRP) using infrared thermography[J]. Infrared Physics & Technology, 2016, 76: 91-102.

[161] 李胤, 田干, 杨正伟, 等. 复合材料低速冲击损伤超声红外热波检测能力评估[J]. 仪器仪表学报, 2016, 37(5): 1124-1130.

[162] OBEIDAT O, YU Q, HAN X. Further development of image processing algorithms to improve detectability of defects in Sonic IR NDE[C]. AIP Conference Proceedings, 2017, 1806: 100007.

[163] 陈山. 基于超声红外热像的 CFRP 结构损伤检测方法研究[D]. 武汉: 武汉理工大学, 2018.

[164] 吴昊, 刘志平, 杜勇, 等. 超声红外热波成像在 CFRP 板螺栓孔损伤检测的研究[J]. 红外技术, 2019, 41(8): 786-794.

[165] KATUNIN A, WRONKOWICZ-KATUNIN A, WACHLA D. Impact damage assessment in polymer matrix composites using self-heating based vibrothermography[J]. Composite Structures, 2019, 214: 214-226.

[166] SOLODOV I, RAHAMMER M, DERUSOVA D, et al. Highly-efficient and noncontact vibro-thermography via local defect resonance[J].

Quantitative InfraRed Thermography Journal, 2015, 12(1): 98-111.

[167] RAHAMMER M, SOLODOV I, BISLE W, et al. Thermosonic testing with phase matched guided wave excitation[J]. Journal of Nondestructive Evaluation, 2016, 35(3): 1-7.

[168] RAHAMMER M, KREUTZBRUCK M. Fourier-transform vibrothermography with frequency sweep excitation utilizing local defect resonances[J]. NDT & E International, 2017, 86: 83-88.

[169] FIERRO G P M, GINZBURG D, CIAMPA F, et al. Imaging of barely visible impact damage on a complex composite stiffened panel using a nonlinear ultrasound stimulated thermography approach[J]. Journal of Nondestructive Evaluation, 2017, 36(4): 1-21.

[170] FIERRO G P M, DIONYSOPOULOS D, MEO M, et al. Damage detection in composites using nonlinear ultrasonically modulated thermography[C]. Nondestructive Characterization and Monitoring of Advanced Materials, Aerospace, Civil Infrastructure, and Transportation XII, 2018, 10599: 105990K1-105990K6.

[171] SEGERS J, HEDAYATRASA S, VERBOVEN E, et al. In-plane local defect resonances for efficient vibrothermography of impacted carbon fiber-reinforced polymers (CFRP)[J]. NDT & E International, 2019, 102: 218-225.

[172] HEDAYATRASA S, SEGERS J, POELMAN G, et al. Vibrothermographic spectroscopy with thermal latency compensation for effective identification of local defect resonance frequencies of a CFRP with BVID[J]. NDT & E International, 2020, 109: 102179.

[173] HEDAYATRASA S, SEGERS J, POELMAN G, et al. Vibro-Thermal wave radar: Application of barker coded amplitude modulation for enhanced low-power vibrothermographic inspection of composites[J]. Materials, 2021, 14(9): 2436.

[174] HEDAYATRASA S, POELMAN G, SEGERS J, et al. Phase inversion in (vibro-) thermal wave imaging of materials: Extracting the AC component and filtering nonlinearity[J]. Structural Control and Health Monitoring, 2022, 29(4): e2906.

[175] 刘慧. 超声红外锁相热成像无损检测技术的研究[D]. 哈尔滨: 哈尔滨工业大学, 2011.

[176] PIAU J M, BENDADA A, MALDAGUE X, et al. Nondestructive testing of open microscopic cracks in plasma-sprayed-coatings using ultrasound excited vibrothermography[J]. Nondestructive Testing and Evaluation, 2008, 23(2): 109-120.

[177] CHAKI S, MARICAL P, PANIER S, et al. Interfacial defects detection in plasma-sprayed ceramic coating components using two stimulated infrared thermography techniques[J]. Ndt & E International, 2011, 44(6): 519-522.

[178] WEEKES B, CAWLEY P, ALMOND D P. The effects of crack opening and coatings on the detection capability of thermosonics[J]. AIP Conference Proceedings, 2011, 1335(1): 399-406.

[179] ALMOND D P, WEEKES B, LI T. et al. Thermographic techniques for the detection of cracks in metallic components[J]. Insight: Non-Destructive Testing & Condition Monitoring, 2011, 53(11).

[180] 郭伟, 董丽虹, 徐滨士. 再制造毛坯涂层下基体疲劳裂纹超声红外热像检测[J]. 装甲兵工程学院学报, 2016(2): 89-93.

[181] 郭伟, 董丽虹, 王海斗, 等. 喷涂层下基体中裂纹缺陷的超声红外识别方法[J]. 红外与激光工程, 2018, 47(S1): 1-8.

[182] GUO W, DONG L, WANG H, et al. A method for crack identification in base material under spray coatings by vibrothermography[C]. The 9th International Symposium on NDT in Aerospace, 2017.

[183] 郭伟, 董丽虹, 王海斗, 等. 喷涂层下基体疲劳裂纹的超声红外热成像检测[J]. 表面技术, 2019, 48(12): 369-375.

[184] 袁雅妮, 苏清风, 习小文, 等. 涂覆层空腔叶片裂纹的超声红外检测技术[J]. 南昌航空大学学报: 自然科学版, 2020(3): 94-99.

[185] 习小文, 苏清风, 袁雅妮, 等. 超声红外热成像技术在航空发动机叶片裂纹的对比研究[J]. 红外技术, 2021, 43(2): 186-191.

[186] MEVISSEN F, MEO M. Ultrasonically stimulated thermography for crack detection of turbine blades[J]. Infrared Physics & Technology, 2022, 122(3): 104061.

[187] 周益春, 刘奇星, 杨丽, 等. 热障涂层的破坏机理与寿命预测[J]. 固体

力学学报，2010(5): 505-531.

[188] PIAU J M, BENDADA A, MALDAGUE X. Nondestructive inspection of open micro-cracks in thermally sprayed coatings using ultrasound excited vibrothermography[C]. Thermosense XXIX, 2007,6541: 287-295.

[189] HOLLAND S D. First measurements from a new broadband vibrothermography measurement system[C]. AIP Conference Proceedings, 2007, 894: 478-483.

[190] WEI Q, HUANG J, ZHU J, et al. Experimental investigation on detection of coating debonds in thermal barrier coatings using vibrothermography with a piezoceramic actuator[J]. Ndt & E International, 2023, 137: 102859.

[191] HE Q. Develop sonic infrared imaging Nde for local damage assessment in civil structures[D]. Detroit: Wayne State University, 2010.

[192] 汤雷, 蒋金平. 超声红外热像技术进展及在混凝土应用的新探索[J]. 混凝土, 2012(3): 8-11.

[193] 胡振华, 汤雷, 高明涛. 超声波激励下混凝土裂纹发热过程的试验研究和有限元分析[J]. 水利与建筑工程学报, 2013(2): 58-61.

[194] 胡振华, 汤雷. 超声红外热像技术在混凝土结构检测中的应用[J]. 混凝土, 2013(7): 124-126.

[195] JIA Y, TANG L, XU B, et al. Crack detection in concrete parts using vibrothermography[J]. Journal of Nondestructive Evaluation, 2019, 38: 1-11.

[196] JIA Y, TANG L, MING P, et al. Ultrasound-excited thermography for detecting microcracks in concrete materials[J]. NDT & E International, 2019, 101: 62-71.

[197] 任荣. 超声激励下混凝土板裂缝生热的机理以及影响因素研究[D]. 成都: 西南交通大学, 2019.

[198] 蒋雅君, 任荣, 冯辅周, 等. 混凝土板裂缝的超声红外热像检测机理[J]. 北京工业大学学报, 2022(10): 1028-1035.

[199] HASHIMOTO K, SHIOTANI T. Sonic-IR imaging technique for detection of crack interfaces in cementitious materials[J]. Construction and Building Materials, 2023, 386: 131549.

[200] MEINLSCHMIDT P. Thermographic detection of defects in wood and

wood-based materials[C]. 14th International Symposium of nondestructive testing of wood, Hannover, Germany. 2005.

[201] CHOI M Y, PARK J, KIM W T, et al. Detection of delamination defect inside timber by sonic IR[C]. Thermosense XXX, SPIE, 2008, 6939.

[202] POPOVIC D, MEINLSCHMIDT P, PLINKE B, et al. Crack detection and classification of oak lamellas using on-line and ultrasound excited thermography[J]. Pro Ligno, 2015, 11: 464-470.

[203] PAHLBERG T, THURLEY M, POPOVIC D, et al. Crack detection in oak flooring lamellae using ultrasound-excited thermography[J]. Infrared physics & technology 2018, 88: 57-69.

[204] HAN X, FAVRO L D, THOMS R L. Detecting cracks in teeth using ultrasonic excitation and infrared imaging[C]. Biomedical Optoacoustics II, SPIE, 2001, 4256.

[205] HAN X, FAVRO L D, THOMS R L. Thermosonic imaging of cracks: Applications to teeth[C]. European Conference on Biomedical Optics, Optica Publishing Group, 2001.

[206] MATSUSHITA-TOKUGAWA M, MIURA J, IWAMI Y, et al. Detection of dentinal microcracks using infrared thermography[J]. Journal of endodontics, 2013, 39(1): 88-91.

[207] KHANDELWAL M K. Detection of Microcracks in Enamel and Dentin Using Infrared Thermography: An In-Vitro Study[D]. Rajiv Gandhi University of Health Sciences (India), 2016.

[208] YU M, LI J, LIU S, et al. Diagnosis of cracked tooth: Clinical status and research progress[J]. Japanese Dental Science Review, 2002, 58: 357-364.

[209] GUO J, WU Y, CHEN L, et al. A perspective on the diagnosis of cracked tooth: imaging modalities evolve to AI-based analysis[J]. Biomedical Engineering Online, 2022, 21(1): 36.

第 2 章

超声红外热成像无损检测技术基础

2.1 红外热成像检测技术基础

红外线是一种电磁波，具有与无线电波和可见光一样的本质，波长为 0.76~1000 μm，按波长的范围可分为近红外、中红外、远红外、极远红外四类。红外线在电磁波连续频谱中处于无线电波与可见光之间的区域。红外辐射是自然界存在的一种广泛的电磁波辐射，它是基于任何物体在常规环境下都会产生自身的分子和原子无规则的运动，并不停地辐射出热红外能量。分子和原子的运动越剧烈，辐射的能量越大，反之，辐射的能量越小。

对红外线的发现是人类对自然界认识的一次飞跃。从物理学知识可知，一切温度在绝对零度（-273.15℃）以上的物体，都会因自身的分子运动而不停地向周围空间辐射出红外线，物体的红外辐射能量大小、波长的分布与物体表面温度关系密切，基本规律是辐射能量与自身温度的四次方成正比，辐射出的波长与其温度成反比。

利用红外探测器和光学成像物镜接收被测物体的红外辐射能量分布图形，将其反映到红外探测器的光敏元件上，将物体辐射的功率信号转换成电信号后（对物体自身辐射的红外能量的测量），就能准确地反映被测物体的表面温度。或者，通过成像装置的输出信号，就可以一一对应地模拟物体表面温度的空间分布，经电子系统处理，传至显示屏上，得到与物体表面温度分布相应的热像图。这种热像图与物体表面的热分布场相对应。红外辐射探测器基于该方法，能够显示目标物体的红外热像图、测温并进行分析判断，此即红外辐射检测的基本原理，如图 2-1 所示。利用某种特殊的电子装置将物体表面的温度分布转换成人眼可见的图像，并以不同颜色显示物体表面温度分布的技术，称为红外热成像技术，相应的电子装置称为红外热成像仪。通俗地讲，红外热成像仪就是将物体发出的不可见的红外能量转变为可见的热像图的设备或装置。红外热像图的不同颜色代表被测物体的不同温度，通过查看热像图，可以观察到被测物体的整体温度分布状况，研究被测物体的热量分布情况，借此来判断物体内部的损伤或缺陷情况。

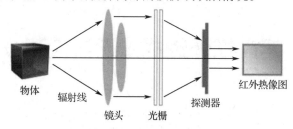

图 2-1 红外辐射检测的基本原理

目前应用红外热成像技术的检测设备比较多，如红外测温仪、红外热电视、红外热成像仪等。红外热电视、红外热成像仪等设备利用热成像技术，将看不见的"热图像"转变成可见的光图像，使测试效果直观、灵敏度高，能检测出设备细微的热状态变化，准确反映设备外部的发热情况，可靠性高，对发现设备隐患非常有效。例如，林区背景温度一般为-40～60℃，而森林可燃物产生的火焰温度为 600～1200℃，两者温度相差较大。在热像图中很容易将可燃物的燃烧情况从地形背景中分离出来。根据热像图的温度分布，我们不仅可以判断火的性质，还可以探测出火场的位置、火场面积，从而估计火势。

红外热成像仪在医疗、治安、消防、考古、交通、农业、石化，以及医疗等许多领域均有重要的应用。例如，建筑物漏热查寻、森林探火、火源寻找、海上救护、矿石断裂判别、导弹发动机检查、公安侦查，以及对各种材料与制品的无损检测等。红外热成像检测技术除在工业上用于设备、构件等的热点检测外，也在军事上用于红外夜视仪、红外瞄准镜等，还在医学上用于检查人体温度异常区域。例如，2020 年初至 2022 年底，在新冠疫情期间，机场、车站等人流密集的地方就利用红外热成像仪监视人体额头部位有无发热，这就是一个典型的应用实例。

2.2　红外热成像的影响因素

超声红外热像图作为红外热像图的一种，不可避免地受到被测物体表面的辐射率、红外热成像仪性能、噪声及干扰等因素的影响，还与实施超声激励时用到的超声功率、激励时间、激励位置等检测条件密切相关。

2.2.1　辐射率

辐射率通常用来描述某种物体相对于理论上该物体所能发射红外能量的能力[1]，是对红外热成像有重要影响的因素，它与物体的属性、温度及表面的特征密切相关。利用红外热成像仪记录温度信息时，辐射率具有极为关键的作用。

物体表面状态对其红外辐射率有很大的影响[2]。对金属材料而言，表面粗糙度对红外辐射率的影响很大。以熟铁为例，当表面状况为毛面、温度为 7℃时，辐射率为 0.94；当表面状况为抛光、温度为 17℃时，辐射率仅为 0.28。因此，在检测前，有必要明确被测对象的辐射率，以便对热像图进行分析处理。表面辐射率低，而且容易造成反射，就会影响红外图像。这就使超声激励后缺陷部位虽然生热，但通过红外热成像仪获取的热像图却不能明显地看出缺陷信息，有效信息被掩盖，不利于后期的图像处理与缺陷识别。在物体表面通过电镀、喷涂等方式涂覆其他材料，物体的辐射率仅取决于涂覆材料的性质[3]。一般而言，金属材料经抛光处理后辐射率较低，而油漆的辐射率为 0.8～0.98，两者相差很大。所以，在试件表面喷涂一层厚度适当的涂料，可以大幅度提高辐射率，有效提高热像图质量和检测效率，降低误检率。

铝合金试件喷漆前后的可见光图片与红外图像对比如图 2-2 所示。从图中可知，喷漆前的红外图像整体偏暗，而且存在大面积反光，严重影响对缺陷生热的观察；喷漆后整体亮度均匀，缺陷生热位置能用肉眼识别。必须说明的是，鉴于无损检测的特殊要求，喷涂的油漆应该尽可能选用水溶性的油漆，以便检测之后清洗。

（a）试件喷漆前图片　　　　　　　　　（b）试件喷漆后图片

图 2-2　铝合金试件喷漆前后的可见光图片与红外图像对比

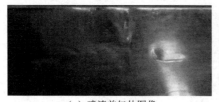

（c）喷漆前红外图像　　　　　　　　　　（d）喷漆后红外图像

图 2-2　铝合金试件喷漆前后的可见光图片与红外图像对比（续）

2.2.2　红外热成像仪性能

红外图像通过红外热成像仪采集，因此红外热成像仪性能对图像质量有很大的影响。一直以来，生产厂商都在研究空间、时间与温度分辨率更高的热成像仪，这对于热传导率较大的金属材料很有意义。空间分辨率直接表现为图像像素的数量，空间分辨率高的图像能够更为细腻地显示温度信息；时间分辨率主要反映在采集帧频上，指在 1 s 内采集的图像数量，表征热成像仪记录温度场变化的能力；温度分辨率，即热灵敏度，指热成像仪能够探测的物体温度发生的微量变化，表征系统探测温度变化的能力。显然，对红外热成像仪而言，空间和温度灵敏度越高，越利于缺陷检测。目前，大部分热成像仪的采集帧频为 30～120 Hz。对此项指标，需要根据检测对象材料的不同，寻求对应材料特性的帧频：帧频过小不能正确反应温度变化的过程，容易造成频率混叠，如热扩散较快的金属类物体；帧频过大则造成运算量增加，加大计算负荷，延长运算时间，不利于实时监测，如热扩散较慢的复合材料类物体。

2.2.3　噪声与干扰

在红外热成像检测中，热成像仪接收到的红外信号的强弱对图像处理非常重要。按照红外热成像检测理论，需要缺陷区域与非缺陷区域产生可辨识的温度差异，并能够在红外图像上有效显示。但是，红外图像以温度作为成像目标，非常容易受到噪声干扰，而且红外噪声与有无可见光并无必然的关系。图 2-3 所示为某型红外热成像仪镜头完全封闭时的拍摄效果，这说明红外热成像仪存在一定程度的系统噪声。

按照噪声对信号的影响，可将噪声分为加性噪声和乘性噪声两大类[4]。高斯噪声、椒盐噪声等典型噪声都属于加性噪声。

图 2-3 红外热成像仪存在一定程度的系统噪声

1. 加性噪声

加性噪声一般是由发生源产生并叠加于图像输出的。设信号为 $f(x,y)$，最终输出为 $g(x,y)$，则

$$g(x,y) = f(x,y) + n(x,y) \tag{2-1}$$

最终的输出是信号与噪声的叠加，其特点是加性噪声 $n(x,y)$ 独立于信号，却始终干扰信号，会对信号的正确识别造成影响。

2. 乘性噪声

乘性噪声是信道特性随机变化引起的噪声，对图像起到调制作用。设信号为 $f(x,y)$，最终输出为 $g(x,y)$，则

$$g(x,y) = f(x,y) + f(x,y)n(x,y) \tag{2-2}$$

最终输出的是信号与噪声的叠加，而且 $f(x,y)$ 越大，噪声越大，即噪声受到信号的调制。

在实验过程中，超声红外热像图的干扰源主要是外界辐射源（包括可见光与红外热源）和空气对流。环境不理想时，试件会反射红外光或受到其他辐射源的干扰，甚至掩盖检测所需的缺陷的辐射信号，严重影响缺陷判断。外界辐射源包括太阳光、灯光等可见光，也包括人、计算机等能够发热的热源。空气流动较大时，气流携带的热量变化也会对热像图的稳定性产生较大的影响。为避免外界辐射源和空气对流对缺陷检测的影响，保证超声激励时

试件原有的热信号能够有效显示，可以构建一个红外暗室，即用布料搭建一个能够切断外界噪声对红外图像影响的区域。由于暗室的主要目的是阻挡红外线，而红外线波长较长，纤维紧密的布料能够有效阻挡外界辐射源产生的影响，并避免空气流动对热像图的影响。当红外暗室能够有效隔离红外辐射或其他干扰时，高斯噪声、热量不均等情况成为红外图像降噪增强的重点。

实验者以双层紧致布料为屏蔽工具搭建了一个红外暗室，比单层布料具有更好的隔离效果。红外暗室如图 2-4 所示。图 2-5 为是否利用红外暗室所得红外图像对比，可以直观地说明红外暗室的隔离效果。

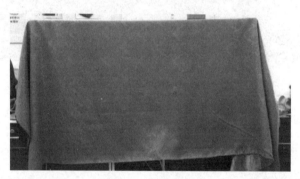

图 2-4　红外暗室

（a）未利用红外暗室　　　　　　　　（b）利用红外暗室

图 2-5　是否利用红外暗室所得红外图像对比

2.2.4　超声激励参数

在实践中进行超声红外热成像检测时，对于特定被测对象的特定缺陷（具有相同尺寸的裂纹或孔洞等），采用不同的预紧力、激励强度（或激励振幅）、激励时间和激励位置等设置，在被测对象缺陷区域生热不同，进而影响被测对象表面温度场的分布特点。这里以在超声激励下的含裂纹金属平板为对象，重点讨论预紧力、激励强度和激励时间等激励参数对裂纹区域生热的影响，即对红外热成像的影响。图 2-6 为超声换能器与含裂纹金属平板模型。

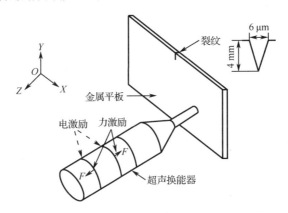

图 2-6　超声换能器与含裂纹金属平板模型

1．预紧力对裂纹区域生热的影响

预紧力是指激励前作用于检测设备，从而使超声枪调幅器和试件紧密接触、具有一定大小的荷载，单位可以为 N 或 kgf。保持激励强度 650W 和激励时间 2 s 不变，将预紧力设置从 0 N 增加到 200 N，间隔为 20 N，如表 2-1 所示，激励强度 650 W 和激励时间 2 s 保持不变。取裂纹附近的一小块区域，求其温度均值变化曲线，然后在曲线中找到最大值，并记录下来。接下来，将表中数据绘制成曲线，图 2-7 所示为不同预紧力时裂纹区域平均温度最大值曲线。

表 2-1　不同预紧力时裂纹区域平均温度最大值参数

项　　目	参　　数					
预紧力/N	0	20	40	60	80	100
平均温度最大值/℃	0.0083	0.1255	0.2312	0.3094	0.2865	0.2193
预紧力/N	120	140	160	180	200	
平均温度最大值/℃	0.2756	0.2852	0.1221	0.1004	0.1628	

从图中可以看出，在预紧力处于 60～140 N 区间时，裂纹区域的生热效果比较好，而仿真结果中生热效果最好的预紧力 70 N 恰好在此区间，从而验证了预紧力最优值的存在。实验条件具有复杂性，很难通过一次实验确定预紧力的最优值，可以通过多次测量求均值的方法进一步确认。虽然如此，我们仍然可以预测在其他因素确定的情况下，必然存在一个最优值，使裂纹

生热效果最好。

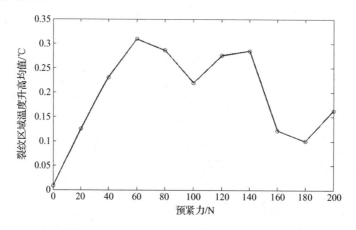

图 2-7　不同预紧力时裂纹区域平均温度最大值曲线

2. 激励强度对裂纹生热的影响

激励强度是指超声换能器产生的超声激励的振动强弱，其大小可用超声塑焊枪端部的振动速度幅值（μm）或最大输出功率的百分比来表示。在实际过程中，超声换能器的压电陶瓷片受到电激励而产生高频振动信号，之后经过调幅器变幅，增大振动信号幅值，最后通过调幅器端面与试件的接触–碰撞将超声激励传递到试件上。在工程实践中，通常通过改变超声换能器的输出功率来改变激励强度。

下面验证激励强度与裂纹生热的正相关关系，进一步证明激励强度对裂纹生热的影响。选择裂纹区域平均温度为研究对象，其变化曲线如图 2-8 所示。

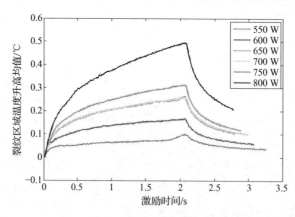

图 2-8　裂纹区域平均温度变化曲线

图 2-8 表明，随着激励强度的增大，裂纹区域温度升高值逐渐增大。但激励强度为 650 W 和 700 W 时，在两种情况下的裂纹区域温度升高变化基本保持一致，这是实验中存在的偶然事件。

3．激励时间对裂纹生热的影响

激励时间是指超声激励持续工作的时间，单位通常为 s 或者 ms。设置激励强度 900 W 和预紧力 120 N 恒定，激励时间从 1 s 到 5 s，时间间隔为 1 s，进行五组实验分析，得到裂纹区域的红外数据。选取裂纹区域温度均值变化曲线（图 2-9）作为研究对象，观察不同时刻温度变化的趋势。

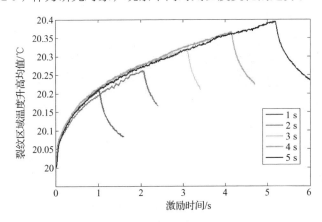

图 2-9　裂纹区域温度均值变化曲线

从图 2-9 中可以看出，虽然进行了五次实验，但五条曲线的起点一致，而且曲线的变化轨迹基本相同。随着激励时间的增加，裂纹区域温度均值逐渐增大，但增长率逐渐降低，其主要原因是裂纹生热速率与时间的传热速率之间相互作用。在从激励开始到 1 s 时间内，裂纹区域温度上升的趋势比较明显，之后温度上升的趋势趋于平缓，在 5 s 时温度上升的趋势已经非常小。同时，在整个激励过程中，裂纹区域温度增长率在逐渐降低。这充分验证了激励时间对裂纹生热的影响是一个逐渐变小的过程。由此我们可以预测，在其他因素确定的情况下，存在一个激励时间的临界值，使裂纹生热趋于平稳。

2.3　超声红外热成像检测系统构成

基于局部缺陷共振的低功率激励装置近年来引起一定的关注。超声塑焊枪作为激励源，可以激发多种生热效应，以其为基础的超声红外热成像检测系统应用更为普遍，典型系统主要由超声发生器、超声枪（主要构成是超声换能器、调幅器和工具杆）、红外热成像仪、控制采集终端和其他辅助装置构成，如图 2-10 所示。超声在金属中具有极强的穿透力，而且温度信息在各个方向上都较为稳定，因此不必过多考虑超声源、裂纹与热成像仪之间的相对方位和距离。

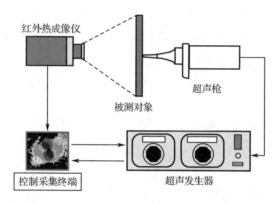

图 2-10　超声红外系统构成示意图

超声激励装置通常包含超声发生器和超声枪两部分。超声发生器通常称为"超声电源"。超声枪的功能是将电能转换为机械振动，是超声发生装置的核心部件，将其固定在实验台架上时，可通过后端的压力传感器控制其与待测件之间的预紧力，以便做定量方面的研究。

超声发生器可将低频交流电转换为高频电能；超声换能器是超声枪的核心部件，其借助压电陶瓷单元将高频电能转换为同频机械振动，因振动频率通常高于 20 kHz，故也称为超声振动；为适应不同工况，调幅器与工具杆一起可以实现超声枪振动幅值的扩增，并通过工具杆端面输出特定幅值的超声振动。红外热成像仪用于采集被测对象在超声枪激振下表面的热分布情况。控制采集终端实现控制超声枪激励和红外热成像仪采集的同步，并实现对后续热像图序列的记录和处理。其他辅助装置包含超声枪支撑导轨、压力传感器与预紧单元、试件支架和夹具等。

图 2-11 为笔者所在课题组设计的一套典型超声红外热成像检测实验系统[5,6]。其核心部件包括超声激励装置、图像采集装置、控制采集终端、预紧单元、夹具等。

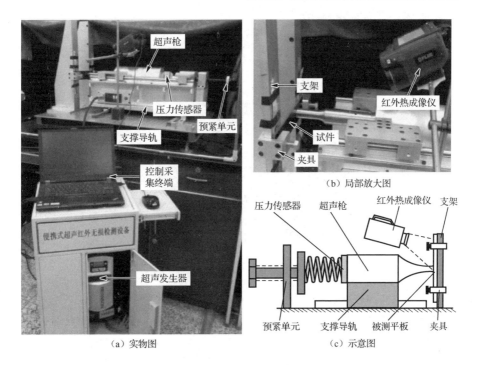

（a）实物图　　　　　　　　　　（b）局部放大图　　　　　　　　（c）示意图

图 2-11　超声红外热成像检测实验系统

　　超声激励装置主要包括超声枪和超声发生器。超声枪型号为 Branson CJ20，如图 2-12 所示，其又包含超声换能器、调幅器和工具杆等部件。超声换能器是超声激励装置的核心部件，可以将电能转化为机械能，调幅器可以实现振动信号幅值的改变，工具杆可以与试件直接或间接接触。超声发生器选用 Branson DCX-S 超声塑焊系统，工作频率为 20 kHz，最大电功率为 1.25 kW。

　　图像采集装置选用美国 FLIR 公司的 T640 型红外热成像仪，如图 2-12 所示，主要用于实时采集被测对象表面的温度场信息。其采用非制冷微热量红外焦平面阵列，实现了对整幅图像所有像素点的同时采集，有效避免了光机扫描式红外热成像仪存在的同一幅图像不同像素点采集时间有偏差的不足。该热成像仪可以提供的最高红外图像分辨率为 640 像素×480 像素，热灵敏度优于 0.035℃，最高图像采集帧频为 30 Hz，镜头可实现 120°上下翻转。其自带软件功能强大，可以在同一场景下序列图像中选定多个不同形状的区域，绘制选定区域的温度均值、温度最高值等相关温度信息随时间变化的曲线，并可实现简单的图像处理功能。

图 2-12　美国 FLIR 公司 T640 型红外热成像仪

此外，实验系统还增加了一些辅助装置，以提高检测精度。

（1）增加了预紧单元，旋转预紧单元的螺纹丝杠可以推动超声枪轴向运动，迫使其压紧被测对象；同时，在预紧单元和超声枪之间放置一个压力传感器，用于实时监测预紧力的大小。

（2）在超声枪底部增加支撑导轨，可以实现超声枪在底座表面上沿轴向和垂直轴向的自由调节，辅助定位试件的激励位置。

（3）增加固定支架，用于夹持试件两侧，起到稳定和固定作用。

（4）为减少外界环境的干扰，采用双层遮光布构造一个独立封闭的红外暗室。

2.4　本章小结

本章在阐述红外热成像检测技术的基础上，总结了超声红外热成像的主要影响因素，简要分析了超声激励参数对被测对象的特定缺陷区域生热的影响，介绍了超声红外热成像检测系统的基本组成。

参考文献

[1] 高小明. 影响红外热像仪测量精度的因素分析[J]. 华电技术, 2008(11): 4-7.

[2] MALDAGUE X. Nondestructive evaluation of materials by infrared

thermography[J]. Springer-Verlag, 1993.

[3] 叶成炯，董学金，邵红亮，等. 表面涂层半球全发射率的非接触测量探索[J]. 实验力学，2024, 39(01): 27-33.

[4] 何国辉. 一种图像处理中的噪声滤波方法[C]. 中国航空学会信号与信息处理专业第六届学术会议，2002.

[5] 闵庆旭. 超声红外锁相热像技术中检测条件优化与缺陷识别研究[D]. 北京：陆军装甲兵学院，2018.

[6] 张超省. 基于超声红外热像的金属平板裂纹检测技术研究[D]. 北京：陆军装甲兵学院，2015.

第3章

超声激励下金属结构的振动特性

被测对象的振动特性是决定其缺陷生热的直接因素，而被测对象的振动特性与预紧力、激励时间、激励强度等检测条件密切相关。因此，要研究检测条件对缺陷生热的影响，必须首先研究被测对象振动特性与检测条件的对应关系。笔者搭建了预紧力、激励时间、激励强度等检测条件可控的超声激励系统，以金属平板结构为被测对象，着重分析了不同预紧力对应的被测平板振动能量及频谱；随后，建立了与实验系统对应的仿真分析模型，揭示了检测条件影响被测平板振动特性的深层机理；最后，建立了基于动量守恒的接触-碰撞模型，进一步揭示了被测平板振动特性中次谐波频谱随预紧力变化的规律。本章旨在通过分析不同检测条件下被测对象的振动特性，为进一步研究检测条件与缺陷生热之间的联系奠定基础。

3.1 超声（振动）加热机理与影响因素

3.1.1 实验装置

这里采用的实验装置与 2.3 节的实验装置大致相同，能够定量调节预紧力、激励时间、激励强度等因素，同时在被测对象的另一侧合适位置安装了一台多普勒激光测振仪，以记录被测对象的振动状态。激光测振仪型号为 KEYENCE H020，采样频率为 200 kHz。超声红外热成像检测与测振系统示意图如图 3-1 所示。超声激励系统实验台如图 3-2 所示。被测对象为铝合金平板，尺寸为 200 mm×100 mm×4 mm，采用双侧短边夹持方式将其紧固于固定支架。激励位置为被测平板的中心位置。为减少沿固定支架向外传播的振动能量，在被测平板和固定支架之间放置 100 mm×20 mm×1 mm 的硬纸板。

激光测振仪采集与激励同步,持续时间均为 1 s,监测位置为被测平板中心及中心下方 30 mm 处。

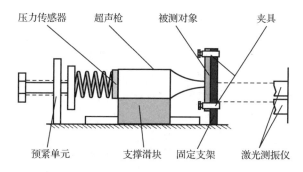

图 3-1 超声红外热成像检测与测振系统示意图

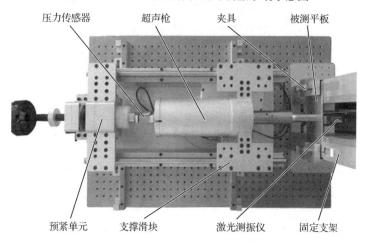

图 3-2 超声激励系统实验台

3.1.2 振动特性描述方法

针对一个特定的被测对象,其振动特性不仅可以采用时域波形和频谱进行分析,还可以从能量的角度进行描述。从理论上讲,被测平板的振动特性要通过整个平板的振动频谱进行描述。然而,在实际实验检测的过程中,很难检测整个平板的振动状态,通常根据单点或多点的振动特性估计整个平板的状态。

1. 时域波形

信号的时域波形主要反映信号的幅值随时间变化的特征。尽管通过时域波形给出的信息量较小，但其描述的信息直观，仍然可以作为判定振动强度、周期性和稳定性比较好的工具。

2．振动频谱

鉴于仅分析频率成分构成，选取单点频谱也具备代表性，因而可以不考虑不同位置的振动强度存在的差异。某点振动频谱 $X(\omega)$，可通过对该点时域信号 $x(t)$ 进行傅里叶变换得到，即

$$X(\omega) = \int_{-\infty}^{\infty} x(t)\mathrm{e}^{-\mathrm{j}\omega t}\mathrm{d}t \tag{3-1}$$

在实际计算过程中，离散时域信号通过快速傅里叶变换获得对应的频谱。

3．速度均方根

速度均方根（root mean square，RMS）是速度信号幅值平方的均值。它表征振动的强度（平均功率），可以类比为电流 $x(t)$ 通过阻值为 $1\ \Omega$ 的电阻时在单位时间内产生的平均热量，即功率。其通过下式计算：

$$X_{\mathrm{rms}}^2 = \frac{1}{2T} \int_{-T}^{T} |x(t)|^2 \mathrm{d}t \tag{3-2}$$

3.1.3　实验结果分析

预紧力是超声红外热成像技术中的关键检测条件之一，下面分析预紧力的改变对被测平板振动强度的影响。

1．振动能量分析

以振动速度均方根表征监测位置的振动能量，图 3-3 给出了预紧力在 0～600 N 取值时，被测平板中心及其下方 30 mm 位置的振动能量随预紧力变化的情况。随着预紧力的增加，两个监测位置的振动能量呈现上升趋势，而且中心位置的上升幅度明显大于中心下方 30 mm 位置。但是，两条曲线在预紧力为 50～100 N 和 300～400 N 时均存在较明显的波动。

2．振动频谱分析

在典型的超声红外热成像检测中，被测对象频谱中通常存在三种形式的谐波：第一种是出现在小于工作频率（20 kHz）频段且为工作频率的分数倍

频，称为次谐波；第二种出现在大于工作频率频段且为工作频率的整数倍，称为超谐波；第三种是一类出现在大于工作频率频段的分数倍频，称为超次谐波。图 3-4 给出了当预紧力在 0～800 N 范围内取值时，被测平板中心位置呈现的四种典型振动状态。

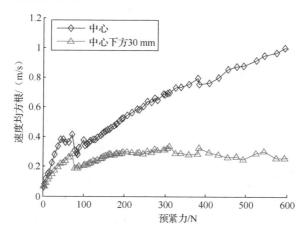

图 3-3　被测平板中心位置振动能量随预紧力的变化

当预紧力为 60 N 时，观测点的振动呈现混沌状态：振动速度频谱中峰值间隔没有规则，时域速度波形也看不到任何周期成分，如图 3-4（a）所示。

当预紧力为 80 N 时，观测点的振动呈现次谐波振动状态：振动速度频谱中峰值间隔为工作频率的 1/5，时域速度波形中存在 0.25 ms 的周期成分，如图 3-4（b）所示。

当预紧力为 250 N 时，观测点的振动呈现另一种状态，即准次谐波振动状态：振动速度频谱峰值间隔并不规则，但频谱中出现倍频现象，并呈现某些谐波频率相加之和等于工作频率 20 kHz 的现象，速度波形同样看不到明显的周期成分，如图 3-4（c）所示。

当预紧力为 500 N 时，观测点的振动呈现超谐波振动状态：频谱中小于工作频率的分数倍频成分几乎完全消失，只能看到大于工作频率的整数倍频成分，速度波形可以看出明显的周期现象，如图 3-4（d）所示。

从上述分析中不难看出，预紧力的增大总体上会使被测平板的振动频谱相对规则和单一。

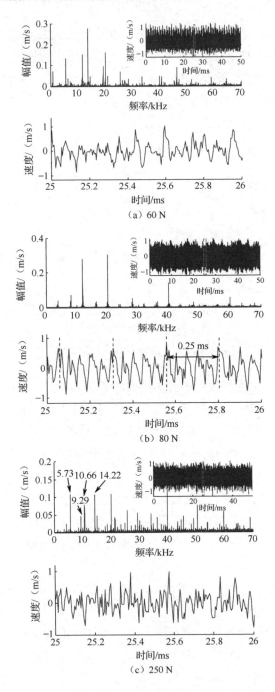

图 3-4　被测平板中心位置振动速度与频谱随预紧力的变化

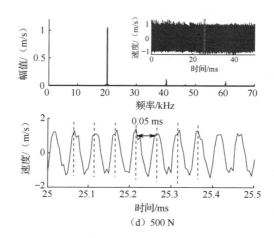

（d）500 N

图 3-4　被测平板中心位置振动速度与频谱随预紧力的变化（续）

3．次谐波阶次的变化规律

通过进一步的实验分析，不难发现：随着预紧力的增大，在超声激励下被测对象振动频谱中次谐波阶次呈现一定的规律性。图 3-5 给出了另一组实验观察到的被测平板振动频谱，其中（a）（b）和（c）展示了预紧力为 70 N、200 N 和 250 N 时被测平板相应的频谱成分，分别对应工作频率（20 kHz）的 1/7、1/4 和 1/2 阶次谐波和超次谐波，（d）展示了预紧力为 500 N 时被测平板相应的频谱成分，频谱中仅存在超谐波成分。从图 3-5 中可以看出，随着预紧力从 70 N 增大到 250 N，次谐波和超次谐波阶次从 1/7 变化到 1/2；当预紧力被设置为 500 N 时，次谐波和超次谐波几乎消失，超谐波在整个频谱中占据压倒性的优势。将上述次谐波、超次谐波和超谐波频谱成分视为显性频率，同时这些主导频率成分旁边存在一些较小的频率成分。我们在这里将其称为隐性频率，这些频率成分可能是由于被测平板的模态振动和材料非线性引起的[1]。

值得注意的是，受到被测平板固有模态的影响，并不是所有的 $1/n$（n 取整数）倍工作频率的频谱成分都会出现在振动频谱中，频谱只能看到部分远离模态频率的成分。另外，被测平板振动特性还受到激励位置、夹持条件、表面形貌等其他实验条件的影响，并非所有的实验条件都能得到严格的控制。因此，不同检测不能保证检测条件完全一致。然而，大量实验统计分析仍然能够得出预紧力的增加使超谐波在频谱中占据主导地位、预紧力的减弱则使次谐波在频谱中趋于主导的结论。

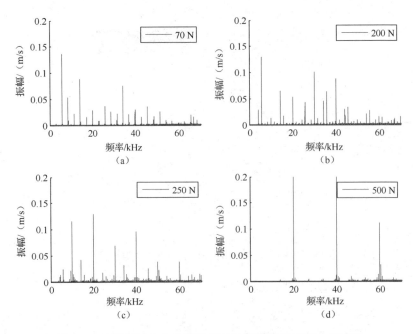

图 3-5　被测平板中心位置的振动速度频谱随预紧力的变化

3.2　基于压电-力类比方法的有限元分析

　　受条件的限制，很难通过实验获取被测平板上振动能量的空间分布，也无法分析频谱成分变化的深层次原因。有限元法（finite element method，FEM）能够模拟实验系统对应的实验条件，获得更丰富的信息，因此可以用于更深入地分析检测条件对被测对象振动特性的影响。本章所研究的问题是接触-碰撞引起的接触声非线性（contact acoustic nonlinearity，CAN）问题，在本质上属于瞬态动力学的范畴，而解决瞬态动力学问题存在隐式和显式两种数值积分解法。由于换能器工具杆端面与试件的接触-分离转换过程极其复杂，采用隐式数值积分方法求解容易出现严重的收敛问题，导致计算错误甚至终止，而显式数值积分方法具有较好的稳定性，计算速度快，而且接触-碰撞模拟也是显式数值积分方法的优势所在。LS-DYNA 是一种通用的非线性动力学有限元分析软件，适合求解热-固耦合问题。综上所述，选择 LS-DYNA V971 软件作为仿真分析平台，并采用 HyperMesh 11.0 软件作为前处理工具，对复杂形状进行网格划分，以确保运算结果准确可靠。

3.2.1　压电–力类比方法

当在压电陶瓷片极化方向上施加电场 $U_0\sin(\omega t)$ 时，逆压电效应会产生机械变形，如图 3-6（a）所示。假设两个端面上的机械变形量为 μ_e，该变形量在一定范围内与电压呈线性关系，即

$$\mu_e = kU = kU_0\sin(\omega t) \tag{3-3}$$

式中，U_0——电压激励幅值；

$\quad\quad\omega$——角速度，$\omega = 2\pi f_0$，f_0 为工作频率；

$\quad\quad k$——电压 U 和变形量 μ_e 的比例系数。

压电陶瓷片端面沿极化方向的速度 v 为

$$v = \dot{\mu}_e = kU_0\omega\cos(\omega t) \tag{3-4}$$

LS-DYNA V971 不包含压电耦合单元，因而不具备结构-电场耦合分析能力。这里用力激励代替电激励，将其加载到压电陶瓷片两端，在压电陶瓷片两个端面上沿纵振方向施加大小相等、方向相反的力激励 $F = F_0\sin(\omega t)$，如图 3-6（b）所示。

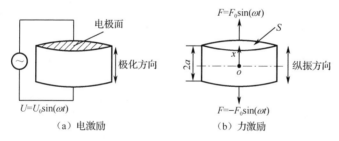

图 3-6　两种激励条件下压电陶瓷片的受力示意图

压电陶瓷片的纵向振动方程为

$$\rho\frac{\partial^2 \mu_f}{\partial t^2} = E\frac{\partial^2 \mu_f}{\partial x^2} \tag{3-5}$$

式中，μ_f——位置 x 上各质点离开原来位置的位移；

$\quad\quad\rho$——材料密度；

$\quad\quad E$——压电陶瓷的弹性模量。

考虑压电陶瓷片为圆盘结构及受力的对称性，其边界条件为

$$\begin{cases} \mu_f(x=0) = 0 \\ E\dfrac{\partial\mu_f(x=\pm a)}{\partial x} = \dfrac{\pm F_0\sin(\omega t)}{S} \end{cases} \tag{3-6}$$

式中，a——压电陶瓷片轴向长度的 1/2；

S ——压电陶瓷片的径向截面积。

结合边界条件，压电陶瓷片距离中心 x 位置对应的振动位移表达式为

$$\mu_f(x,t) = \frac{cF_0}{ES\omega\cos\left(\dfrac{\omega a}{c}\right)}\sin\left(\frac{\omega x}{c}\right)\sin(\omega t) \qquad (3\text{-}7)$$

式中，c ——弹性波沿纵向传播的速度。

压电陶瓷片沿振动方向的速度表达式为

$$v(x,t) = \frac{cF_0}{ES\cos\left(\dfrac{\omega a}{c}\right)}\sin\left(\frac{\omega x}{c}\right)\cos(\omega t) \qquad (3\text{-}8)$$

当 $x=a$ 时，压电陶瓷片端面的速度为

$$v(a,t) = \frac{cF_0}{ES}\tan\frac{\omega a}{c}\cos(\omega t) \qquad (3\text{-}9)$$

由式 3-4 和式 3-9 可以看出，压电圆盘受到正弦电激励和正弦力激励的振动方程非常相似，说明当选择的参数合适时，采用两种激励方式可以使超声换能器得到一致的振动输出。

3.2.2　接触–碰撞模型

1. 接触判定

接触分析计算主要是接触判定和法向接触力的计算问题。常见的接触判定算法有主从面法、级域法和一体法，其中主从面法是被普遍采用的接触判定算法。其核心思想是：采用迭代法计算从单元面上所有节点到主面的距离，以其中的最短距离作为判断接触的准则。下面是其详细计算步骤。

（1）从单元面上任意选取一个节点 n_s，搜索主单元面上与其距离最近的主节点 m_s，如图 3-7（a）所示。

（2）检查所有与主节点 m_s 有关的主单元面，从中判定可能与从节点 n_s 接触的主单元面。如果主节点 m_s 与从节点 n_s 不重合，而且满足式 3-10，就可以判定从节点 n_s 与主单元面 S_1 可能接触。

$$\begin{cases} (c_i \times s) \cdot (c_i \times c_{i+1}) > 0 \\ (c_i \times s) \cdot (s \times c_{i+1}) > 0 \end{cases} \qquad (3\text{-}10)$$

式中，向量 c_i 和 c_{i+1} 为主单元面上两条经过 m_s 点的边的向量，向量 s 是向量 h 在主单元面 S_1 上的投影，而向量 h 是主节点 m_s 指向从节点 n_s 的向量。

（3）确定主单元面 S_1 上与从节点 n_s 距离最近的点，即接触点 d。采用

Newton-Raphson 迭代法求解式 3-11，就能得到从节点 n_s 到主单元面最短距离的接触点 d 的坐标 (ξ_d, η_d)：

$$\begin{cases} \dfrac{\partial \boldsymbol{r}}{\partial \xi}(\xi_d, \eta_d)[\boldsymbol{p} - \boldsymbol{r}(\xi_d, \eta_d)] = 0 \\[3mm] \dfrac{\partial \boldsymbol{r}}{\partial \eta}(\xi_d, \eta_d)[\boldsymbol{p} - \boldsymbol{r}(\xi_d, \eta_d)] = 0 \end{cases} \tag{3-11}$$

式中，向量 $\boldsymbol{p}$ 和向量 $\boldsymbol{r}$ 分别为从节点 n_s 和主单元面 S_1 上任一点的位置向量，如图 3-7（b）所示。

（4）判断是否穿透，计算穿透量 g_n：

$$g_n = \boldsymbol{n}_m[p - r(\xi_d, \eta_d)] \tag{3-12}$$

式中，$\boldsymbol{n}_m$ 表示接触点处外法单位向量。若 $g_n < 0$，则表示从节点穿透了主单元面；而 $g_n > 0$ 表示从节点没有穿透主单元面。

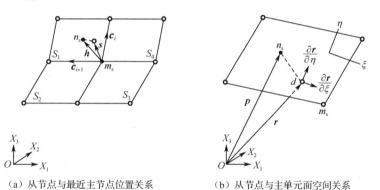

（a）从节点与最近主节点位置关系　　　（b）从节点与主单元面空间关系

图 3-7　从节点与主节点和主单元面的关系

2．接触力计算

目前，常用动态约束法、罚函数法、分布参数法等处理接触面的滑移和碰撞问题。因为罚函数数值结果噪声较小，算法动量守恒准确，而且引起的沙漏效应较小，所以采用罚函数法计算法向接触力。具体来说，当从节点 n_s 与主单元面 S_1 发生接触且渗透量为 g_n 时，作用在 n_s 上的法向接触力 f_s 为

$$f_s = -k_i g_n \cdot \boldsymbol{n}_m \tag{3-13}$$

式中，k_i 为主单元面的接触刚度，定义为

$$k_i = f K_i A_i^2 / V_i \tag{3-14}$$

式中，K_i 为接触单元的体积模量；A_i 为主单元面面积；V_i 为主单元体积；f 为接触刚度比例因子。

在从节点 n_s 上的附加接触力为 f_s，其反向作用力 $-f_s$ 作用到主单元面的接触点 d 上，并可以等效分配到主单元面节点上：

$$f_{jm} = -\phi_j(\xi_d, \eta_d)f_s \quad j = 1, 2, 3, 4 \tag{3-15}$$

式中，$\phi_j(\xi_d, \eta_d)$ 为主单元面上的二维形函数。

3.2.3 有限元建模

1．超声枪的仿真分析

根据实验条件，建立超声枪的有限元模型。超声枪由换能器、调幅器和工具杆三部分组成，其中换能器由后盖板、压电陶瓷片组（4 片）、前盖板组成，如图 3-8 所示。前后盖板材料为高强度钢，压电陶瓷片组材料为 PZT（piezoelectric transducer）材料，调幅器及工具杆材料为钛合金，各种材料的物理参数如表 3-1 所示。利用 Block-Lanczos 方法提取超声枪 0～40 kHz 范围各阶模态，得到超声枪的二阶纵向振动模态为 19.89 kHz，接近实验系统中超声枪的工作频率 20 kHz，如图 3-9 所示。

表 3-1　仿真模型各部分材料的物理参数

材　　料	密度/（kg·m⁻³）	弹性模量/GPa	泊　松　比
高强度钢	7750	210	0.29
PZT	7600	86.9	0.33
钛合金	4500	122	0.33
铝合金	2700	75	0.33

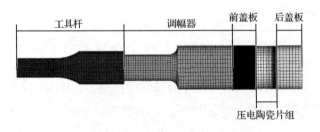

图 3-8　超声枪的有限元网格模型

模态分析只考虑超声枪的稳态响应，但在典型超声红外热成像检测过程中，激励过程比较短暂（通常 <1 s），因此超声枪的瞬态响应过程也非常重要。进行瞬态分析必须考虑阻尼的影响，如果阻尼参数选取不当，就会出现

严重的低频振动，因此在这里引入瑞利阻尼参数：α=3000。在每个压电陶瓷片两侧施加大小相等、方向相反的工作频率为 20 kHz 的正弦力激励，得到工具杆输出端面的波形与频谱，如图 3-10 所示。从图 3-10 中可以看出，工具杆端面的振动输出为 20 kHz 的正弦振动，在 10 ms 后达到稳定。

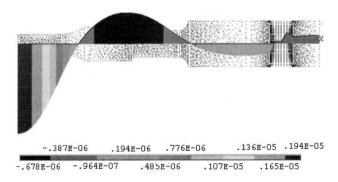

	-.387E-06	.194E-06	.776E-06	.136E-05 .194E-05
-.678E-06	-.964E-07	.485E-06	.107E-05	.165E-05

图 3-9　超声枪的二阶纵向振动模态

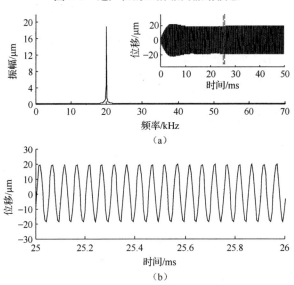

图 3-10　工具杆输出端面的波形与频谱

2. 实验系统的有限元建模

在得到与实验系统一致的振动输出后，对超声激励下金属平板的振动状态进行瞬态动力学分析，建立与实验系统对应的有限元模型，采用六面网格划分，如图 3-11 所示。为了方便固定和施加预紧力，在超声枪二阶纵向振动模态的中间节点位置加上一个铝合金抓环，在抓环外侧面所有节点施加除超声枪轴向平移外的 5 个自由度位移约束；在超声枪轴向平移方向上施加一定预紧力，迫使工具杆端面顶紧试件。试件为铝合金平板，尺寸为 200 mm×100 mm×4 mm，与实验一致，在两个短边上所有节点施加 6 个自由度的位移约束，各部分材料的物理参数选取参照表 3-1。

模型接触类型设定为面面接触。为避免在接触中产生不必要的低频振荡，接触黏性阻尼系数 d_v 不能过小，而过大的黏性阻尼系数又会导致过多的能量耗散，因此在这里选取常用值 $d_v = 20$。另外，选取静态摩擦系数 $\mu_s = 0.2$，动态摩擦系数 $\mu_d = 0.15$，以及指数衰减参数 $c = 1$。为了避免摩擦力过大，必须设置黏性摩擦系数 $\mu_v = \sigma_0/(3)^{1/2}$，其中 σ_0 为材料屈服应力。根据铝合金材料的属性，得到 $\mu_v = 1.5 \times 10^8$，其他接触控制参数均采用默认值。

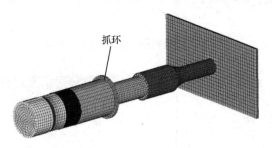

抓环

图 3-11　实验系统有限元网格模型

在实际实验系统中，超声激励施加于被测对象的工作过程分为两步：先施加预紧力，迫使超声枪的工具杆顶紧被测平板；然后，施加超声脉冲激励。因此，仿真分析也必须在考虑预紧力引起的平板预应变的前提下对被测平板进行瞬态动力学分析。在这里，瞬态动力学仿真分为两部分进行。

（1）引入动态松弛功能，计算预紧力引起的预应变。

（2）将预应变作为初始条件，对超声脉冲激励被测平板的振动状态进行计算。

图 3-12 给出了引入动态松弛功能前后被测平板中心节点的位移波形对比。从图中可以看出，在引入动态松弛前，被测平板中心节点的波动平衡位置由 0 趋于 100 μm，相应的波动幅度则由 0 缓慢趋于饱和；而在引入动态松弛后，该节点的波动平衡位置从 100 μm 波动后迅速回到 100 μm，相应的波动幅度则由 0 很快趋于饱和，而且比引入动态松弛前剧烈。这一结果与实验工况更加接近。

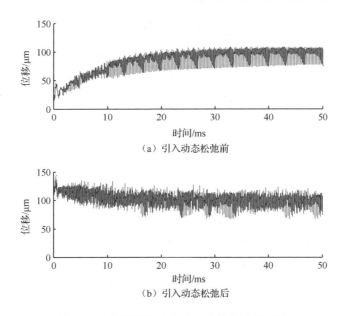

（a）引入动态松弛前

（b）引入动态松弛后

图 3-12　被测平板中心节点的位移波形对比

3.2.4　仿真结果分析

将激励强度先设置为 19600 N（工具杆端面振动速度约 3 m/s），激励及求解时间均设置为 50 ms。其他参数不变，改变预紧力，分析节点振动能量和振动频谱的变化。

1. 振动能量分析

提取金属平板节点振动速度均方根，将其作为能量指标进行分析。被测平板上节点的振动能量如图 3-13 所示，其中节点 22897、22461、22041 及 21681 沿被测平板的短边中心线分布，与中心位置的距离分别为 0 mm、25 mm、50 mm 及 75 mm。从图 3-13 中可以看出，四个节点振动能量均随预紧力增大呈现整体上升趋势，在 96～192 N 范围内存在波动，在 800～900 N 范围内则先下降后近似直线上升。其中，中心节点 22897 的振动能量上升幅度最明显，而且其变化趋势与在实验中观察得到的中心位置振动能量变化趋势基本吻合。另外，从图 3-13 不难看出，以单一节点的振动能量来表征整个被测平板的振动能量并不精确。图 3-14 进一步展示了激励异侧所有节点的振动能量总和在三个不同激励强度下（4900 N、9800 N、19600 N）随预紧力变化的情况，通过所有节点振动速度均方根的总和表示。因为平板厚度只有

4 mm，所以这些节点能够近似表征整个平板的振动能量随预紧力的变化。当激励强度为 19600 N 时，我们可以看出，被测平板振动能量随预紧力变化的曲线也存在与单一节点类似的现象，即整个振动能量随预紧力呈整体波动上升趋势。以激励强度为 19600 N 的曲线为例，振动能量在预紧力 96～192 N 范围内波动，在预紧力 800～900 N 范围内先下降后直线上升。我们称这两个区域为过渡区域。进一步的研究表明，随着激励强度的增加（降低），两个过渡区域也近似等比例增大（缩小），并大致将能量变化曲线划分为三个阶段。

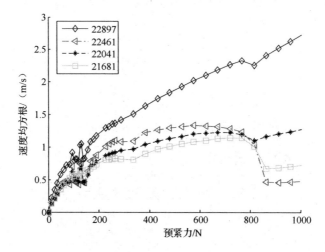

图 3-13　被测平板上节点的振动能量

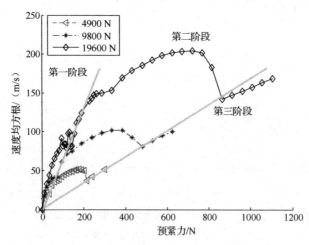

图 3-14　激励异侧所有节点的振动能量总和

此外，从图 3-13 还可以看到，当预紧力超过 800 N 时，原本振动能量比较大的节点（节点 22461）振动能量剧烈下降至最小。图 3-15 为短边中心线上的振动能量分布，给出了短边中心线上所有节点的能量分布。从图中可以看出，预紧力的增大使振动能量在空间上的变化非常剧烈。结合实验，我们可以推断：当预紧力较小时，复杂的频率成分使振动能量的空间变化较为平滑；当预紧力较大时，相对单调的频率成分导致振动能量空间分布很不均匀。

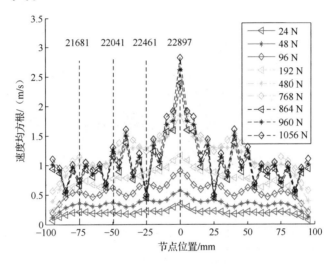

图 3-15　短边中心线上的振动能量分布

2．振动频谱分析

图 3-16 为预紧力为 12 N 时中心节点振动速度及接触力分析。图 3-16（a）给出了预紧力为 12 N 时，中心节点 22897 的振动速度频谱及波形，可以看出振动频谱峰值分布不规则，存在较多杂频，从速度波形中也看不到明显的周期成分，呈现出混沌运动的形态。进一步，提取工具杆端面与被测平板之间的接触力频谱及波形，如图 3-16（b）所示，可以看出，接触力频谱中除了工作频率及超谐波成分维持较大的幅值，其他频率成分均较弱。从接触力波形展开图可以看出，接触力间隔没有明显的周期性，说明预紧力比较小时，工具杆端面与被测平板的接触状态很不稳定，不易形成周期性的接触-碰撞作用。

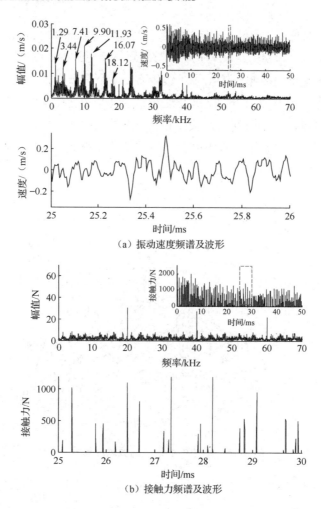

（a）振动速度频谱及波形

（b）接触力频谱及波形

图 3-16　预紧力为 12 N 时中心节点振动速度及接触力分析

图 3-17 为预紧力为 96 N 时中心节点振动速度及接触力分析。当预紧力为 96 N 时，平板上中心节点的运动呈现次谐波振动状态，如图 3-17（a）所示。从图中可以看出，频谱中低于工作频率 20 kHz 的频谱成分分布非常规则（1/5、2/5、3/5、4/5 阶次谐波），在振动速度波形中可以看出明显的周期成分。同样，从图 3-17（b）可以看出，对应的接触力频谱中次谐波取代超谐波，成为主要的频率成分，而且频谱构成同样非常规则。在接触力波形展开图中可以看出非常明显的周期成分，说明上述次谐波振动来源于周期性的接触-碰撞作用。

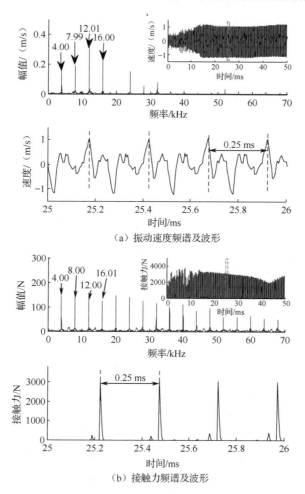

（a）振动速度频谱及波形

（b）接触力频谱及波形

图 3-17　预紧力为 96 N 时中心节点振动速度及接触力分析

随着预紧力的进一步增大，金属平板振动速度中次谐波成分消失，出现准次谐波成分。图 3-18 为预紧力为 240 N 时中心节点振动速度及接触力分析。图 3-18（a）展示了当预紧力为 240 N 时，平板中心节点的振动速度呈现的准次谐波振动现象，可以看出低于工作频率的频谱成分不仅存在倍数关系（7.79 kHz 与 15.58 kHz），而且满足关于 10 kHz 对称分布的特征（7.79 kHz 与 12.21 kHz，4.43 kHz 与 15.58 kHz），即两者之和为 20 kHz。上述现象同样可以通过接触力频谱及波形得到解释。从图 3-18（b）可以看出，接触力频谱分布呈现同样的规律，而从接触力波形展开图中看不到明显的周期性，却可以看出接触力幅值被调制的现象，说明准次谐波的出现是工具杆与被测平板之间接触-碰撞作用对工作频率的非线性调制形成的[1]。

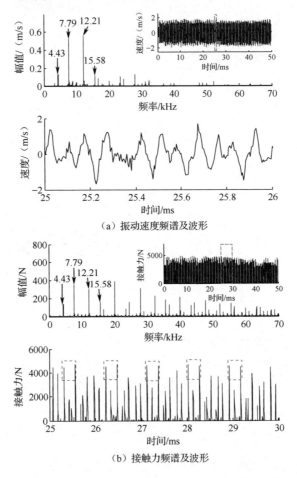

（a）振动速度频谱及波形

（b）接触力频谱及波形

图 3-18　预紧力为 240 N 时中心节点振动速度及接触力分析

　　当预紧力增大到一定程度时，出现只有超谐波振动的运动状态。图 3-19 为预紧力为 960 N 时中心节点振动速度及接触力分析。图 3-19（a）给出了当预紧力为 960 N 时，平板中心节点的振动频谱及波形，可以看出在振动速度频谱中小于工作频率 20 kHz 的频率成分几乎完全消失，而对应的振动速度波形也表现出强烈的周期性。同样，接触力的频谱及波形的周期性也十分明显，如图 3-19（b）所示。从图中可以看出，接触力脉冲呈现整齐的周期分布特点，说明过大的预紧力削弱了接触-碰撞作用引起的非线性现象，超谐波振动占据了主导地位。

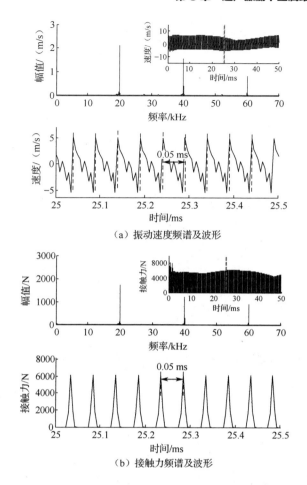

（a）振动速度频谱及波形

（b）接触力频谱及波形

图 3-19 预紧力为 960 N 时中心节点振动速度及接触力分析

最后，对图 3-13 中第一个过渡区域对应的频谱变化进行局部细化分析，如图 3-20 所示。从图中可以看出，当预紧力在 96～192 N 范围内取值时，振动频谱变化很不稳定，经历了由次谐波、准次谐波和混沌振动三种状态的频繁转换，说明当预紧力在这一范围时，预紧力的小幅度改变将带来振动频率成分的剧烈变化，从而引起振动能量的波动。

综合上述分析，可以得出结论：当预紧力较小时，工具杆与试件之间的接触-碰撞很不稳定，容易出现混沌振动现象；当预紧力较大时，接触-碰撞呈现周期性，导致次谐波出现。随着预紧力的进一步增大，工具杆与被测平板之间的接触-碰撞作用对工作频率的非线性调制占据主导地位，进而振动频谱中呈现准次谐波振动。然而，过大的预紧力将削弱接触面的非线性调制作用，使被测平板振动频谱中只存在超谐波成分。振动能量随预紧力变化出现的两个过渡区域对应被测平板频谱成分的频繁转换。

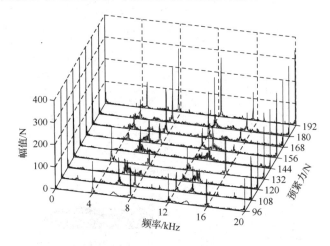

图 3-20　在不同预紧力下中心节点振动频谱对比（0～20 kHz）

3.3　基于动量守恒的接触–碰撞理论模型

实验和仿真分析表明，在超声激励下被测平板振动频谱中次谐波的阶次与预紧力的数值呈现出一定的规律性，本节将结合力学模型对该现象进行深入阐释。

3.3.1　理论建模

为了进一步揭示预紧力对振动特性的影响，本节建立了一个力学模型，以描述工具杆和被测平板之间的相互作用。图 3-21 为接触–碰撞模型示意图。被测平板在物理上可以被离散地看作一系列按其结构整齐排列的质量-弹簧-阻尼系统。以预紧力 F_0 压迫超声枪对被测平板进行激励，计算任意时刻 t 超声枪工具杆端面的位移与速度，以及被测平板中正对工具杆端面位置的微小单元的位移与速度。工具杆等效为质量为 m_1、长度为 L_0 且两端以 $A_0 \sin(\omega t)$ 进行伸缩的质量块。在被测平板中，正对工具杆端面、厚度为 D 的微小单元，等效为质量为 m_2 的质量块。在被测平板中，其他部分对质量块 m_2 的作用等效为刚度为 K 的弹簧和阻尼系数为 C 的弹簧阻尼。由于材料具有非线性，因此被测平板的刚度 K 和阻尼系数 C 不可能都为固定值。然而，为了简化模型的复杂度，忽略材料的所有非线性因素，我们依然将刚度 K 和阻尼系数 C 视为固定值。

在避免引起混淆的情况下，m_1 和 m_2 仍然被称为工具杆和被测平板。

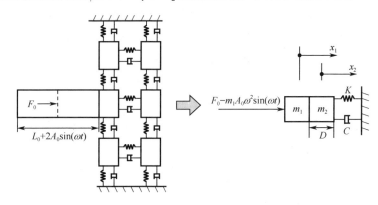

图 3-21　接触-碰撞模型示意图

在图 3-21 中，被测平板在超声激励下的运动过程包括交替进行的碰撞运动阶段和同步运动阶段。在碰撞运动阶段，质量块 m_1 与质量块 m_2 碰撞和弹开交替进行；在同步运动阶段，质量块 m_1 和质量块 m_2 结合在一起同步运动。在碰撞运动阶段，当质量块 m_1 和质量块 m_2 碰撞后的速度差小于设定阈值时，碰撞运动阶段转换为同步运动阶段；当质量块 m_1 和质量块 m_2 在同步运动阶段中弹开时，同步运动阶段转换为碰撞运动阶段。

在碰撞运动阶段，质量块 m_1 和质量块 m_2 在 t_i 时刻发生第 i 次碰撞，需要求解的物理量为质量块 m_1 的运动位移 $x_1(t)$ 和速度 $\dot{x}_1(t)$、质量块 m_2 的运动位移 $x_2(t)$ 和速度 $\dot{x}_2(t)$。其中，速度 $\dot{x}_1(t)$ 和速度 $\dot{x}_2(t)$ 可以分别通过运动位移 $x_1(t)$ 和运动位移 $x_2(t)$ 对时间求导获得。经过分析，建立动力学微分方程，如下所示：

$$\begin{cases} m_1\ddot{x}_1 = F_0 - m_1 A_0 \omega^2 \sin(\omega t) - P(t)\delta(x_2 - x_1) \\ m_2\ddot{x}_2 + C\dot{x}_2 + Kx_2 = P(t)\delta(x_2 - x_1) \end{cases} \qquad (3\text{-}16)$$

式中，m_1、m_2、A_0、ω、F_0、C、K 为已知量，$P(t)$ 为碰撞冲击力函数。已知位移初始条件为 $x_1(0) = x_2(0) = 0$，速度初始条件为 $\dot{x}_1^-(0) = A_0\omega$，且 $\dot{x}_2^-(0) = 0$。由于式 3-16 包含 $x_1(t)$、$x_2(t)$ 和 $P(t)$ 三个未知函数，因此仅靠式 3-16 难以求解。

碰撞发生时总要伴随发热、发光、发声等物理现象，在一般情况下碰撞系统将损失动能，因此动能守恒定律在这里并不适用。但若两个物体碰撞相互作用的过程被忽略[2]，动量守恒定律就可以描述两个物体之间的相互作用。因此，可以考虑将动量守恒定律引入式 3-16，从而将工具杆和被测平板的碰撞过程分为碰撞瞬时和碰撞间隔。

（1）考虑第 i 次碰撞发生的瞬时。引入符号 x_{si}^- 和 x_{si}^+ 表示质量块 m_s 第 i 次碰撞开始和结束时的位移，引入符号 $\dot{x}_{si}^-$ 和 $\dot{x}_{si}^+$ 表示质量块 m_s 第 i 次碰撞开始和结束时的速度。因为碰撞发生前后位置不会突然变化，所以 $x_{si}^- = x_{si}^+$。质量块 m_1 和质量块 m_2 发生第 i 次碰撞需要满足以下条件：

$$x_{1i}^- - x_{2i}^- = 0$$
$$\dot{x}_{1i}^- - \dot{x}_{2i}^- > 0$$

（3-17）

依据动量守恒定律，在第 i 次碰撞发生后，工具杆和被测平板速度可以描述为

$$\dot{x}_{1i}^+ = \frac{m_2}{m_1 + m_2}\left[\left(\frac{m_1}{m_2} - E\right)\dot{x}_{1i}^- + (1+E)\dot{x}_{2i}^-\right]$$

$$\dot{x}_{2i}^+ = \frac{m_1}{m_1 + m_2}\left[(1+E)\dot{x}_{1i}^- + \left(\frac{m_2}{m_1} - E\right)\dot{x}_{2i}^-\right]$$

（3-18）

式中，E 为牛顿恢复系数。

（2）考虑从第 i 次碰撞到第 $i+1$ 次碰撞的碰撞间隔。根据牛顿第二定律，工具杆和被测平板的动力学方程用下式描述：

$$\begin{cases} m_1\ddot{x}_1 = F_0 - m_1 A_0 \omega^2 \sin(\omega t) \\ m_2\ddot{x}_2 + C\dot{x}_2 + Kx_2 = 0 \end{cases}, \quad t_i < t < t_{i+1}$$

（3-19）

由式 3-17 和式 3-18 可以分别求解第 i 次碰撞结束时位移 x_{si} 和第 i 次碰撞结束时刻速度 $\dot{x}_{si}^+$，将结果代入式 3-19 便可以求得第 i 次碰撞后工具杆和被测平板的位移表达式：

$$x_1(t) = \frac{F_0}{2m_1}(t - t_i)^2 + [\dot{x}_{1i}^+ - A_0\omega\cos(\omega t_i)](t - t_i) + A_0[\sin(\omega t) - \sin(\omega t_i)] + x_{1i}$$

（3-20）

$$x_2(t) = s(\dot{x}_{2i}^+, x_{2i}, n) \cdot X_{2i}\exp[-n(t - t_i)]\sin[\omega_r(t - t_i) + \varphi_r]$$

式中，$\omega_r = \sqrt{\omega_n^2 - n^2}$，$\omega_n = \sqrt{\dfrac{K}{m_2}}$，$n = \dfrac{C}{2m_2}$，$X_{2i} = \sqrt{x_{2i}^2 + \left(\dfrac{nx_{2i} + \dot{x}_{2i}^+}{\omega_r}\right)^2}$，

$\varphi_r = \arctan\dfrac{\omega_r x_{2i}}{nx_{2i} + \dot{x}_{2i}^+}$。

在式 3-20 中 $x_2(t)$ 的求解过程中，反正切函数 φ_r 的相位区间只存在于 $[-\pi/2, \pi/2]$，区间大小为 π；而实际情况是，相位取值区间为 $[-\pi, \pi]$，区间大小为 2π，丢失了部分相位信息。解决这个问题的办法是在 $x_2(t)$ 的表达式中增加符号函数 $s(\dot{x}_{2i}^+, x_{2i}, n)$，以保证不会丢失相位信息，所述符号函数 $s(\dot{x}_{2i}^+, x_{2i}, n)$ 为

$$s(\dot{x}_{2i}^{+},x_{2i},n)=\begin{cases}1 & \begin{cases}\dot{x}_{2i}^{+}>0,\ \ x_{2i}>-\dot{x}_{2i}^{+}/n\\ \dot{x}_{2i}^{+}=0,\ \ x_{2i}>0\\ \dot{x}_{2i}^{+}<0,\ \ x_{2i}\geq-\dot{x}_{2i}^{+}/n\end{cases}\\ 0 & \{\dot{x}_{2i}^{+}=0,\ \ x_{2i}=0\\ -1 & \begin{cases}\dot{x}_{2i}^{+}<0,\ \ x_{2i}<-\dot{x}_{2i}^{+}/n\\ \dot{x}_{2i}^{+}=0,\ \ x_{2i}<0\\ \dot{x}_{2i}^{+}>0,\ \ x_{2i}\leq-\dot{x}_{2i}^{+}/n\end{cases}\end{cases}\quad(3\text{-}21)$$

对式 3-20 求导，可以解得第 i 次碰撞发生后的运动速度表达式：

$$\dot{x}_{1}(t)=\frac{F_{0}}{m_{1}}(t-t_{i})+\dot{x}_{1i}^{+}-A_{0}\omega\cos(\omega t_{i})+A_{0}\cos\omega t$$

$$\dot{x}_{2}(t)=s(\dot{x}_{2i}^{+},x_{2i},n)\cdot X_{2i}\exp[-n(t-t_{i})]\{\omega_{r}\cos[\omega_{r}(t-t_{i})+\varphi_{r}]-n\sin[\omega_{r}(t-t_{i})+\varphi_{r}]\}$$

$$(3\text{-}22)$$

将式 3-20 和式 3-21 的结果代入式 3-17 和式 3-18，可以分别计算第 $i+1$ 次碰撞发生的时间 t_{i+1}、碰撞时刻的位移 $x_{s(i+1)}$ 和碰撞前后的速度 $\dot{x}_{s(i+1)}^{-}$、$\dot{x}_{s(i+1)}^{+}$，再代入式 3-20 和式 3-22，可以求得工具杆和被测平板第 $i+1$ 次碰撞发生后的位移及速度表达式。毫无疑问，通过这些公式的迭代，可以准确地描述工具杆和被测平板的整个碰撞运动。

由于能量损失，在通常情况下，牛顿恢复系数 $E<1.0$。因此，在经过若干次碰撞之后，工具杆和被测平板的相对运动速度可能接近 0。此时，工具杆和被测平板相结合，成为一个新的质量块并进行同步运动。我们采用以下公式描述：

$$(m_{1}+m_{2})\ddot{x}+c\dot{x}+kx=F_{0}-m_{1}A_{0}\omega^{2}\sin(\omega t)\quad(3\text{-}23)$$

其解可以写为以下形式：

$$x(t)=x_{\mathrm{fr}}(t)+x_{\mathrm{fc}}(t)+x_{0}\quad(3\text{-}24)$$

式中，$x_{\mathrm{fr}}(t)$ 为自由振动位移，$x_{\mathrm{fc}}(t)$ 为受迫运动位移，x_{0} 为在预紧力 F_{0} 作用下的静止位移。

首先，考虑受迫运动位移 $x_{\mathrm{fc}}(t)$，其表达式如下所示：

$$x_{\mathrm{fc}}(t)=B\sin(\omega t-\varPsi)\quad(3\text{-}25)$$

式中，$B=\dfrac{-m_{1}A_{0}\omega^{2}}{M\sqrt{(\omega_{\mathrm{nt}}^{2}-\omega^{2})^{2}+4n_{\mathrm{t}}^{2}\omega^{2}}}$，$M=m_{1}+m_{2}$，$\omega_{\mathrm{nt}}=\sqrt{\dfrac{K}{M}}$，$n_{\mathrm{t}}=\dfrac{C}{2M}$，

$\varPsi=\arctan\dfrac{2n_{\mathrm{t}}\omega}{\omega_{\mathrm{nt}}^{2}-\omega^{2}}$。

进一步，可得到受迫运动速度，如下式所示：

$$\dot{x}_{\text{fc}}(t) = B\omega\cos(\omega t - \Psi) \qquad (3\text{-}26)$$

其次，考虑自由运动位移部分。假定质量块 m_1 与质量块 m_2 同步运动开始时刻为 t_{t}，由式 3-20 和式 3-22 可以得到同步运动开始时的位移 $x(t_{\text{t}})$ 和速度 $\dot{x}(t_{\text{t}})$，由式 3-25 和式 3-26 可以求得受迫运动位移 $x_{\text{fc}}(t_{\text{t}})$ 和速度 $\dot{x}_{\text{fc}}(t_{\text{t}})$，则 t_{t} 时刻对应的自由振动位移 $x_{\text{fr}}(t_{\text{t}})$ 和速度 $\dot{x}_{\text{fr}}(t_{\text{t}})$ 可以表示如下：

$$x_{\text{fr}}(t_{\text{t}}) = x(t_{\text{t}}) - x_{\text{fc}}(t_{\text{t}}) - x_0$$
$$\dot{x}_{\text{fr}}(t_{\text{t}}) = \dot{x}(t_{\text{t}}) - \dot{x}_{\text{fc}}(t_{\text{t}}) \qquad (3\text{-}27)$$

进一步，可以得到自由振动位移 $x_{\text{fr}}(t)$ 的表达式：

$$x_{\text{fr}}(t) = s[\dot{x}_{\text{fr}}(t_{\text{t}}), x_{\text{fr}}(t_{\text{t}}), n_{\text{t}}] \cdot X_t[\exp(-n_{\text{t}}(t-t_{\text{t}}))]\sin(\omega_{\text{rt}}t + \varphi_{\text{rt}}) \qquad (3\text{-}28)$$

式中，$\omega_{\text{rt}} = \sqrt{\omega_{\text{nt}}^2 - n_{\text{t}}^2}$，$X_t = \sqrt{x_{\text{fr}}(t_{\text{t}})^2 + \left(\dfrac{n_{\text{t}}x_{\text{fr}}(t_{\text{t}}) + \dot{x}_{\text{fr}}(t_{\text{t}})}{\omega_{\text{rt}}}\right)^2}$，$\varphi_{\text{rt}} = $

$\arctan\dfrac{\omega_{\text{rt}}x_{\text{fr}}(t_{\text{t}})}{n_{\text{t}}x_{\text{fr}}(t_{\text{t}}) + \dot{x}_{\text{fr}}(t_{\text{t}})}$。

至此，通过式 3-20 和式 3-24 可以描述整个超声激励过程中任意时刻质量块 m_1 与质量块 m_2 的运动状态。

虽然工具杆和被测平板在同步运动阶段一起运动，但它们之间并非刚性连接在一起。因此，如果条件合适，那么两者将分开，重新进入式 3-16 描述的碰撞运动阶段，否则将一直处于同步运动阶段。因此，对分离时刻的计算就显得非常重要。在这里，工具杆和被测平板一旦发生同步运动，从同步运动开始时刻至以后的 2 倍自由振动周期，被离散为非常小的时间区间（$\Delta t = 10^{-8}s$），假设某时刻为弹开时刻 t_j；同时，判别工具杆和被测平板在 $t_{j+1} = t_j + \Delta t$ 时刻的相对位移和相对速度是否满足下式要求：

$$\begin{cases} x_{1(j+1)} - x_{2(j+1)} < 0 \\ \dot{x}_{1(j+1)}^- - \dot{x}_{2(j+1)}^- < 0 \end{cases} \qquad (3\text{-}29)$$

若式 3-29 成立，则认为 t_j 时刻为弹开时刻，重新进入式 3-20 和式 3-22 描述的碰撞运动阶段。

至此，从理论上可以清楚获得对工具杆和被测平板运动过程的精确描述。

接下来，结合实验和仿真分析，实例化接触-碰撞模型，将质量块 m_1 和质量块 m_2 分别设定为 5×10^{-4} kg 和 5×10^{-3} kg，其他参数如表 3-2 所示。

表 3-2　接触-碰撞模型中的物理参数

C / (N·s/m)	K / (N/m)	E	A_0 / μm	f / kHz
1×10^2	3×10^6	0.1	70	20

3.3.2　结果分析

图 3-22 为基于理论模型的振动速度频谱随预紧力的变化。图 3-22 展示了基于上述力学模型得到的在不同预紧力下被测平板的振动频谱，可以看出次谐波的变化趋势和图 3-5 给出的实验结论基本一致。图 3-22（a）（b）和（c）分别展示了预紧力 25 N、43 N 和 90 N 对应的 1/7、1/4 和 1/2 阶次的次谐波和超次谐波；图 3-22（d）显示了预紧力为 175 N 时振动频谱中只有超谐波。值得注意的现象是，与图 3-5 相比，图 3-22 的振动速度频谱中不存在所谓隐性频率成分。根据文献[1]的理论，隐性频率成分的产生的确与材料非线性有关，而上述力学模型并没有考虑材料非线性的问题。另一个可能的原因在于，在实验过程中，被测铝合金平板总是存在若干模态振动的情况，而且边界条件比较复杂，上述力学模型也不能将这些因素考虑在内。即便如此，理论计算和实验结果在整体趋势上基本一致，这说明虽然被测平板的频谱是由工具杆和被测平板之间的接触-碰撞和其他因素共同作用的，但接触-碰撞作用显然是非线性的主要原因。

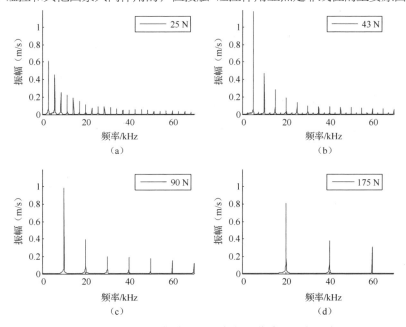

图 3-22　基于理论模型的振动速度频谱随预紧力的变化

为了更深入地揭示预紧力对被测平板振动特性的影响，图 3-23 给出了在不同预紧力条件下被测平板和工具杆的位移波形，上侧曲线显示被测平板的运动波形，下侧曲线显示工具杆的运动波形。从图中可以看出，被测平板和工具杆之间不仅存在相互碰撞，还存在同步运动；在不同预紧力条件下，它们的位移波形展现出显著的差别。通过对比可以发现，预紧力的增大能够缩短碰撞间隔，同时延长同步运动的时间，进而抑制次谐波并促进超谐波的增长。

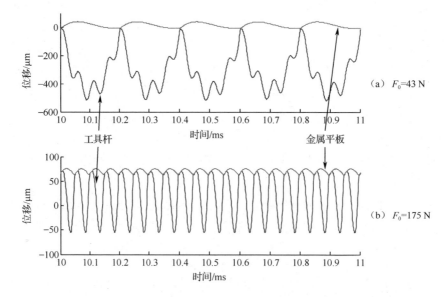

图 3-23　在不同预紧力条件下工具杆和被测平板的位移波形

　　因为上述理论模型将被测平板和工具杆运动过程分解为碰撞运动阶段（式 3-20）和同步运动阶段（式 3-24），所以尚不能依据该模型给出一个描述预紧力和次谐波阶次关系的解析解。然而，通过仔细的人工搜索与分析，仍旧可以获得次谐波阶次和预紧力之间的近似关系，发现它可以用一条双曲线描述。图 3-24 为基于理论模型的次谐波阶次和预紧力之间的关系，其中，70 μm、50 μm 和 30 μm 表示激励振幅 A_0。分析表明：当预紧力选择到标记点时，被测平板振动频谱中仅出现相应阶次的次谐波；除这些标记点之外，如果预紧力在虚线上取值，那么被测平板的振动频谱或许由若干阶次的次谐波混合构成；进一步，如果预紧力在实线上取值，那么工作频率的次谐波将完全消失，只有超谐波存在。

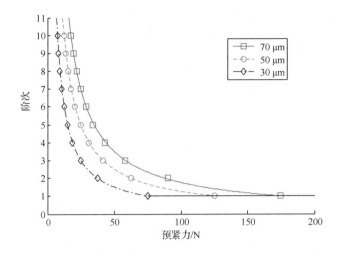

图 3-24　基于理论模型的次谐波阶次和预紧力之间的关系

3.4　本章小结

　　本章以预紧力为例分析了检测条件的变化对被测平板振动特性的影响。实验观察表明，当预紧力增大时，被测平板的振动能量随之增大，但存在两个小范围的波动，而相应的振动频谱则经历了由混沌振动到次谐波振动、准次谐波振动和超谐波振动的转换。为了解释上述现象，采用压电-力类比方法建立了与实验条件相对应的仿真模型，仿真结果和实验结论基本一致。为了进一步揭示振动频谱中次谐波阶次与预紧力之间的关系，建立了基于动量守恒的接触-碰撞模型，主要得到以下结论。

　　（1）随着预紧力的增大，被测平板振动能量总体增大，而且频谱成分趋于规则和单一，但振动能量的空间分布也变得更不均匀。

　　（2）工具杆端面与被测平板之间接触力的变化导致被测平板呈现不同的振动速度频谱，而一定范围内振动速度频谱的频繁转换使振动能量产生波动。

　　（3）预紧力和次谐波阶次之间的关系在理论上能够通过双曲线进行近似描述。

参考文献

[1] SOLODOV I, WACKERL J, PFLEIDERER K, et al. Nonlinear

self-modulation and subharmonic acoustic spectroscopy for damage detection and location [J]. Applied Physics Letters, 2004, 84: 5386-5388.

[2] HAN X, LOGGINS V, ZENG Z, et al. Mechanical model for the generation of acoustic chaos in sonic infrared imaging [J]. Applied Physics Letters, 2004, 85: 1332-1334.

第 4 章

超声激励下金属结构裂纹的生热特性

对缺陷生热机理的研究有助于从理论上解释缺陷区域生热和传热的基本规律，为检测条件优化和红外图像处理提供理论指导。本章利用超声红外热成像检测系统实验台，揭示在特定检测条件下金属平板贯穿裂纹的温度分布规律；基于 LS-DYNA 的热-固耦合功能，建立在超声激励下含裂纹金属平板的生热特性仿真模型，揭示裂纹面摩擦生热与裂纹面相对运动速度、裂纹面接触状态之间的内在联系；从理论上揭示在理想情况下热源深度、热源位置与裂纹区域温度分布之间的定量关系。

4.1 金属平板贯穿裂纹摩擦生热的实验分析

4.1.1 实验装置

典型的超声红外热成像检测系统已在 2.3 节进行了简要的介绍，考虑到实验分析的具体情况，本节给出实验系统示意图，如图 4-1 所示。其中，红外热成像仪的安装采用激励同侧（如图 4-1 中左侧实线所示）和激励异侧（如图 4-1 中右侧虚线所示）两种方式，以更全面地获取被测对象裂纹区域的温度分布信息，其他部分的功能与 3.1.1 节中的系统一致。

被测对象选用尺寸为 200 mm×100 mm×3.95 mm 的铝合金平板（见图 4-2），在其一侧人工预制一个长度为 10 mm 的贯穿裂纹；固定夹具通过螺栓夹持被测平板四角实现固定，夹持扭转力矩设为 15 N·m；激励位置在水平方向上偏离平板中心 20 mm，在被测平板和固定支架之间放置 100 mm×20 mm×2 mm 的硬纸板作为隔振材料。实验设定工具杆与被测平板之间的预紧力为 200 N，激励强度设定为最大输出振幅的 30%，激励时间为 0.5 s，采样时长为从激励开始到激励结束后 0.3 s，即 0.8 s。为了减少外界环境对实验过程的干扰，用双层遮光布料构建一个红外暗室，以屏蔽外界辐射源和空气流动造成的影响。另外，在被测平板的表面喷涂黑色亚光漆，以提高表面发射率。

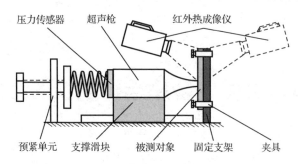

图 4-1　实验系统示意图

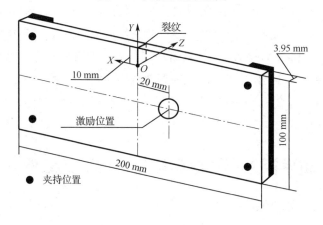

图 4-2　被测平板示意图

4.1.2　裂纹区域温度分布

利用超声红外热成像检测实验台，获取被测平板试件的温度数据，并研究试件表面的温度分布特征。

1. 裂纹区域温度空间分布规律

在其他检测条件相同的情况下，用红外热成像仪分别采集激励异侧和激励同侧裂纹区域的温度分布。图 4-3 为裂纹区域温度分布图。图 4-3（a）和（b）分别给出了在两种情况下采集的激励结束时裂纹区域的温度分布图，其中颜色越亮的地方，温度越高。从图中可以看出，在超声激励下，裂纹附近区域温度均明显升高，但激励同侧比激励异侧观察到的裂纹区域温度升高更明显。

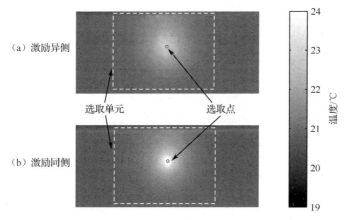

图 4-3　裂纹区域温度分布图

2. 裂纹区域温度和时间分布规律

为了更加清晰地展示两种采集方式获取的裂纹附近区域温度升高的差异，提取裂纹中心位置对应像素点的温度变化来详细说明，这里超声激励时间为 0.5 s。图 4-4 为裂纹中心位置温度变化曲线，从图中可以看出，激励同侧裂纹中心位置的温度升高最大值约为 4℃，而激励异侧裂纹中心位置的温度升高最大值为 2℃。由此可以推测，靠近激励一侧的裂纹面生热效率较大；在激励结束时裂纹生热随即停止。

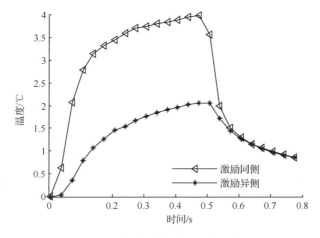

图 4-4　裂纹中心位置温度变化曲线

3. 热量估计

假定一个厚度很小的平板内部存在一个热源，在不考虑空气对流和热辐射的情况下，可以认为平板表面的温度分布近似等于内部的温度分布，那么内部热源产生的热量 q_A 可由下式近似给出：

$$q_A = A \cdot h \cdot \rho \cdot c \cdot T_{\text{avg}} \quad\quad (4\text{-}1)$$

式中，A、h、ρ 和 c 分别表示平板的面积、厚度、密度和比热容，温度变化不大时其均被视为常数；T_{avg} 为选定区域内部温度升高的均值。

对于超声激励下含裂纹的金属板来讲，以裂纹中间位置为中心选取一个方形区域，其内切圆的半径 $r_D \approx 4\sqrt{\alpha T}$，式中，$\alpha$ 为热扩散系数，T 为采集时间，那么该区域之外某点的温度值（依格林函数）小于中心点温度的 e^{-8}，可以忽略不计。因此，选定区域内温度升高均值可以近似表征裂纹区域内部的温度升高均值，故利用式 4-1 可以估计裂纹区域产生的热量，如图 4-5 所示。从图中可以看出，激励同侧温度分布估算的热量高于激励异侧估算的热量，而且在激励过程中（0～0.5 s）两侧温度均值均呈现直线上升趋势。由此可以初步推断，尽管激励同侧和激励异侧的裂纹区域温度存在一定的差异，但在超声激励下裂纹生热效率基本维持恒定。通过式 4-1 给出的能量指标定义可以看出，能量指标和区域平均温度是成正比的，采用能量指标和平均温度指标在本质上是一样的。

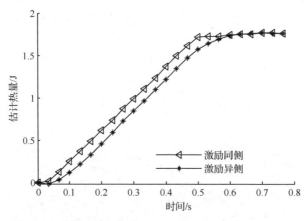

图 4-5　裂纹生热估计量变化曲线

下面是采用能量指标的理由。

（1）实验时最大温度值对应位置难以确定。

（2）温度值容易受到噪声影响，而平均温度则是一个区域内温度的平均，这种叠加求和本身就是一种降噪措施。

（3）考虑到后续仿真分析可以直接得到裂纹面的摩擦热量，因此实验时将平均温度换算为估计热量。

4.2　基于热–固耦合的裂纹生热特性分析

实验表明，在超声激励下，含贯穿裂纹金属平板的摩擦生热现象发生在包括裂纹面、工具杆端面和被测平板之间、被测平板和固定夹具之间等存在接触面的位置。对裂纹生热进行模拟也属于对接触面摩擦生热现象进行模拟，其中不仅涉及接触状态判定和接触力计算等非线性动力学问题，还涉及摩擦生热计算和温度场模拟等热学问题，因此本质上是一种热–固耦合问题。本节将基于 LS-DYNA 中的热–固耦合分析功能来模拟在超声激励下金属平板的贯穿裂纹摩擦生热现象。

4.2.1　摩擦生热计算

裂纹面热量主要来源于摩擦生热现象，基于 Coulomb 模型计算摩擦力的方法被广泛应用于显式动力学分析中。依据该理论，最大摩擦力可表示为

$$F_{Y} = \mu |f_{s}| \tag{4-2}$$

式中，μ 为摩擦因数。若静摩擦因数为 μ_{s}，动摩擦因数为 μ_{d}，则 μ 可利用指数插值函数平滑：

$$\mu = \mu_{d} + (\mu_{s} - \mu_{d}) e^{-\beta |v|} \tag{4-3}$$

式中，β 为衰减因子，v 为从节点 n_{s} 与主单元面的相对滑动速度。

如果 t_{n} 时刻从节点 n_{s} 的摩擦力为 F^{n}，则 t_{n+1} 时刻可能的摩擦力（试探摩擦力）F^{*} 可以表示为

$$F^{*} = F^{n} - k_{n} \Delta e \tag{4-4}$$

式中，k_{n} 为界面刚度，Δe 为从节点 n_{s} 的增量位移，可表示为

$$\Delta e = r^{n+1}(\xi_{d}^{n+1}, \eta_{d}^{n+1}) - r^{n+1}(\xi_{d}^{n}, \eta_{d}^{n}) \tag{4-5}$$

那么，t_{n+1} 时刻的摩擦力可由下式确定：

$$F^{n+1} = \begin{cases} F^{*} & |F^{*}| \leqslant F_{Y} \\ F_{Y} F^{*} / |F^{*}| & |F^{*}| > F_{Y} \end{cases} \tag{4-6}$$

从 t_{n} 时刻到 t_{n+1} 时刻，从节点 n_{s} 因摩擦产生的等效热流密度 q_{f} 可由下式给出：

$$q_{\mathrm{f}} = F^{n+1} \times v \qquad (4\text{-}7)$$

式中，$v = \Delta e / (t_{n+1} - t_n)$，为相对滑移速度。

根据热力学第一定律，当忽略试件界面自由能变化时，由裂纹面之间的摩擦而产生的热量将会全部以温度变化的形式表现出来，将摩擦生热的热流密度 q_{f} 代入热传导方程，可以求得任一点的温度 T：

$$\rho c \frac{\partial T}{\partial t} = \lambda \left\{ \frac{\partial^2 T}{\partial x^2} + \frac{\partial^2 T}{\partial y^2} + \frac{\partial^2 T}{\partial z^2} \right\} + \rho q_{\mathrm{f}} \qquad (4\text{-}8)$$

式中，ρ 为材料密度，c 为材料比热容，λ 为热传导系数。由于裂纹区域附近的温度升高较小且持续过程短暂，由空气对流和热辐射等因素造成的影响可以忽略不计。

4.2.2　有限元建模

与 3.2.2 节类似，这里建立在超声脉冲激励下含裂纹金属平板的有限元模型，实验系统的有限元网格模型如图 4-6 所示。其中，超声枪的构成和材料保持不变；将被测平板由金属平板替换为含贯穿裂纹的金属平板，金属平板及贯穿裂纹的位置和尺寸如图 4-6 所示。值得注意的是，预紧力和夹持力相互作用会对裂纹接触面的接触状态产生显著影响，从而引起摩擦生热的显著差异，因此将夹持螺栓和隔振材料添加到仿真模型中，从而将夹持力对贯穿裂纹摩擦生热的影响一并考虑在内。

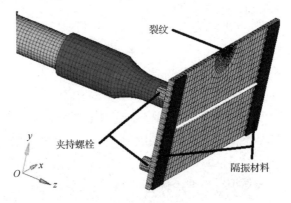

图 4-6　实验系统的有限元网格模型

与实验对应，超声激励系统的工作频率 f_0 为 20 kHz，施加于压电陶瓷片两侧的正弦激励力的振幅 F_0 为 100 N，超声激励时间为 500 ms，求解时间为 800 ms。实验中的扭转力矩 T 与仿真中的夹持力 F_c 的关系如下所示：

$$T = \frac{1}{2} F_c \cos\theta(\cos\theta - \sin\theta)\mu_a\Phi + \frac{1}{3}F_c\mu_b\Phi \qquad (4\text{-}9)$$

式中，$\mu_a = 0.35$，为螺栓与 C 形夹具之间的摩擦系数；$\mu_b = 0.30$，为螺栓端面与被测平板之间的摩擦系数；$\theta = 10°$，表示螺纹升角；$\Phi = 10\,\text{mm}$，表示螺栓的外圈直径。因此，当扭转力矩 T 为 $15\,\text{N}\cdot\text{m}$ 时，仿真中的夹持力应设置为 $6000\,\text{N}$。仿真模型各部分材料的物理参数如表 4-1 所示。

表 4-1　仿真模型各部分材料的物理参数

材料	密度/ kg/m³	弹性模量/ GPa	泊松比	比热容/ J/(kg·℃)	热传导率/ W/(m·℃)
高强度钢	7750	210.0	0.29	480	50.2
压电陶瓷	7600	86.9	0.33	420	2.1
钛合金	4500	122.0	0.33	138	16.3
铝合金	2700	75.0	0.33	875	121
支撑	1200	14.0	0.33	475	100

在超声激励下，含裂纹的金属平板生热现象模拟裂纹面之间、工具杆端面和被测平板之间，以及被测平板和固定夹具之间三个接触区域，其均被视为面面接触类型。为了合理模拟接触面的生热现象，式 4-3 中静摩擦系数 $\mu_s = 0.4$，动态摩擦系数 $\mu_d = 0.35$，衰减因子 $\beta = 1$，裂纹面的接触刚度比例因子 $f = 0.2$，其他参数保持系统默认值。

在实际检测过程中，超声激励系统和被测平板的作用过程分为两步。首先，施加一定的夹持力，使被测平板固定；施加一定的预紧力，使工具杆端面顶紧被测平板。其次，输出强超声脉冲来激励被测平板。因此，对应的仿真模型也必须在考虑夹持力和预紧力引起的被测平板预应变的前提下，才能对平板进行瞬态动力学分析。在这里，瞬态动力学仿真分为以下两部分进行。

（1）开启 LS-DYNA 中的动态松弛功能，获取夹持力和预紧力作用下被测平板的预应变。

（2）将预应变作为初始条件，加载超声脉冲激励，对被测平板中裂纹区域的生热现象进行仿真。

4.2.3　仿真结果分析

图 4-7 为裂纹区域单元温度分布，给出了激励异侧和激励同侧的裂纹区域温度分布图。从图中可以看出，由于摩擦生热，裂纹区域存在明显的温度

升高现象，而且激励同侧裂纹附近区域的温度升高值大于激励异侧裂纹区域的温度升高值。选定两侧裂纹中心位置的对应单元，提取其温度值，其温度变化曲线如图 4-8 所示。从图中可以看出，激励开始后，激励同侧和激励异侧裂纹中心位置的温度均呈现上升趋势；激励结束时，激励同侧裂纹中心位置的温度升高约 10℃，而激励异侧裂纹中心位置的温度升高约 5℃；激励结束后，由于热平衡的作用，激励同侧和激励异侧裂纹中心位置的温度迅速下降并趋于一致。

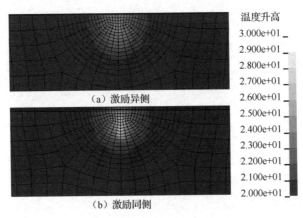

（a）激励异侧

（b）激励同侧

图 4-7　裂纹区域单元温度分布

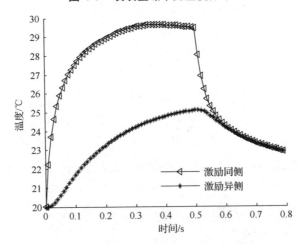

图 4-8　裂纹中心位置单元温度变化曲线

可以通过迭代式 4-7 中的裂纹接触面所有节点摩擦生热热量求解裂纹面摩擦产生的总热量。图 4-9 为裂纹接触面摩擦生热热量变化曲线，从图中可以看出，在超声激励下裂纹面摩擦生热产生的总热量随时间近似直线上升，激励结束后摩擦生热总热量保持不变，说明裂纹面摩擦生热效率在整个激励过程中保持恒定，即在超声激励下裂纹面保持稳定生热；当激励结束时，裂纹摩擦生热停止。对比图 4-8 和图 4-9 可以看出，尽管通过裂纹温度升高值估计裂纹生热热量存在误差，但因为被测平板厚度较小，因此实验估算得到的热量变化规律与仿真结果基本一致。

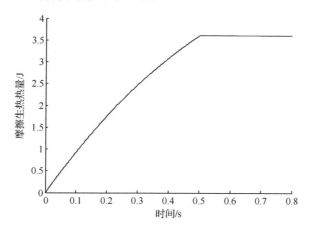

图 4-9　裂纹接触面摩擦生热热量变化曲线

进一步分析裂纹接触面的生热情况。图 4-10 为裂纹接触面温度及生热特性。图 4-10（a）给出了超声激励 30 ms 时裂纹接触面上的温度分布图，左侧为靠近激励位置一侧，左下角对应激励同侧裂纹根部，可以看出温度最大值位于靠近激励位置的裂纹中心位置。为了深入揭示上述现象的形成原因，定义裂纹接触面上各个节点的摩擦力和相对运动速度的均方根为该节点等效摩擦力 F_f^e 和等效摩擦速度 V_f^e，以表征在超声激励过程中的裂纹面摩擦力和相对运动速度。图 4-10（b）给出了垂直于平板方向的等效摩擦力分布图，从图中可以看出，因为预紧力迫使被测平板产生初始变形，迫使在激励位置同侧裂纹面闭合的同时异侧分开，所以激励同侧裂纹根部的等效摩擦力最大，裂纹开口位置的等效摩擦力最小。图 4-10（c）给出了垂直于平板方向的等效摩擦速度分布图，从图中可以看出，由于裂纹根部存在约束，等效摩擦速度最大值位于裂纹开口位置，向裂纹根部逐渐变小。我们进一步定义等效热流 q^e 为

$$q^\mathrm{e} = F_\mathrm{f}^\mathrm{e} \times V_\mathrm{f}^\mathrm{e} \tag{4-10}$$

得到裂纹接触面上的等效热流分布,如图 4-10(d)所示。从图中可以看出,激励同侧裂纹面中间位置的热量分布最大,与图 4-10(a)的温度分布图最值位置重合。

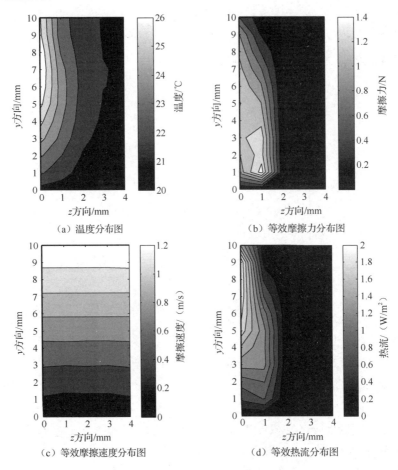

图 4-10　裂纹接触面温度及生热特性

4.3　基于传热模型的裂纹温度场模拟

实验和仿真结论表明,贯穿裂纹区域的温度差异与摩擦生热的位置存在关系,下面以含裂纹平板试件为研究对象,建立裂纹区域的温度场计算模型,进一步分析裂纹区域温度分布与热源深度、位置之间的定量关系。

4.3.1　理论建模

假设厚度为 D 的铝合金平板，平板侧面存在一个贯穿裂纹，假设裂纹面由于摩擦生热形成（接触）深度为 h、长度为 d 的面热源，如图 4-11 所示。

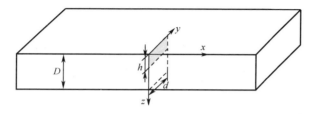

图 4-11　理想条件下裂纹面生热示意图

已知导热率为 λ、密度为 ρ、比热容为 c、生热功率 $\dot{q} = g(x,y,z,t)$、热扩散率 $\alpha = \lambda/\rho c$，不考虑平板与外界的热交换，因为平板足够大，所以可以将其视为半无限大平板。上述问题可以通过下式描述：

$$\begin{cases} \dfrac{\partial^2 T}{\partial x^2} + \dfrac{\partial^2 T}{\partial y^2} + \dfrac{\partial^2 T}{\partial z^2} + \dfrac{\dot{q}}{\lambda} = \dfrac{1}{\alpha}\dfrac{\partial T}{\partial t} & -\infty < x < +\infty,\ 0 < y < +\infty,\ 0 \leqslant z < D,\ t > 0 \\ T = T_0(x,y,z) & -\infty < x < +\infty,\ 0 < y < +\infty,\ 0 \leqslant z < D,\ t = 0 \end{cases}$$

$$(4\text{-}11)$$

式中，$\dot{q} = \begin{cases} g(x,y,z,t) & x = 0,\ 0 \leqslant y \leqslant d,\ 0 \leqslant z \leqslant h,\ t \geqslant 0 \\ 0 & \text{其他} \end{cases}$

先求解出该简化模型对应的三维无限大对象传热问题的数学模型，即

$$\begin{cases} \dfrac{\partial^2 T}{\partial x^2} + \dfrac{\partial^2 T}{\partial y^2} + \dfrac{\partial^2 T}{\partial z^2} + \dfrac{\dot{q}}{\lambda} = \dfrac{1}{\alpha}\dfrac{\partial T}{\partial t} & -\infty < x < +\infty,\ -\infty < y < +\infty,\ -\infty < z < +\infty,\ t > 0 \\ T = T_0(x,y,z) & -\infty < x < +\infty,\ -\infty < y < +\infty,\ -\infty < z < +\infty,\ t = 0 \end{cases}$$

$$(4\text{-}12)$$

式 4-12 对应的齐次方程组为

$$\begin{cases} \dfrac{\partial^2 T}{\partial x^2} + \dfrac{\partial^2 T}{\partial y^2} + \dfrac{\partial^2 T}{\partial z^2} = \dfrac{1}{\alpha}\dfrac{\partial T}{\partial t} & -\infty < x < +\infty,\ -\infty < y < +\infty,\ -\infty < z < +\infty,\ t > 0 \\ T = T_0(x,y,z) & -\infty < x < +\infty,\ -\infty < y < +\infty,\ -\infty < z < +\infty,\ t = 0 \end{cases}$$

$$(4\text{-}13)$$

对式 4-13 进一步做三维傅里叶变换，即

$$\begin{cases} \dfrac{d\tilde{T}}{dt} + \alpha(\lambda^2 + \gamma^2 + \varsigma^2)\tilde{T} = 0 \\ \tilde{T} = \tilde{T}_0(\lambda,\gamma,\varsigma) \end{cases} \tag{4-14}$$

式中，$\tilde{T}_0(\lambda,\gamma,\varsigma,t) = F[T(x,y,z,t)]$，为温度场函数的傅里叶变换。

式 4-14 解的形式可以表示为

$$\tilde{T}(\lambda,\gamma,\varsigma,t) = \tilde{T}_0(\lambda,\gamma,\varsigma)e^{-\alpha(\lambda^2+\gamma^2+\varsigma)t} \tag{4-15}$$

对式 4-15 做三维傅里叶逆变换，再利用卷积变换公式得

$$T(x,y,z,t) = \frac{1}{(4\alpha\pi t)^{3/2}} \int_{-\infty}^{+\infty}\int_{-\infty}^{+\infty}\int_{-\infty}^{+\infty} T_0(\varepsilon,\eta,\xi)\exp\left[-\frac{(x-\varepsilon)^2+(y-\eta)^2+(z-\xi)^2}{4\alpha t}\right]d\varepsilon d\eta d\xi \tag{4-16}$$

用格林函数表示为

$$T(x,y,z,t) = \int_{-\infty}^{+\infty}\int_{-\infty}^{+\infty}\int_{-\infty}^{+\infty} T_0(\varepsilon,\eta,\xi)G(x,y,z,t|\varepsilon,\eta,\xi,\tau)_{\tau=0}\,d\varepsilon d\eta d\xi \tag{4-17}$$

对比式 4-16 和式 4-17 可得：

$$G(x,y,z,t|\varepsilon,\eta,\xi,\tau)_{\tau=0} = \frac{1}{(4\alpha\pi t)^{3/2}}\exp\left[-\frac{(x-\varepsilon)^2+(y-\eta)^2+(z-\xi)^2}{4\alpha t}\right] \tag{4-18}$$

用 $t-\tau$ 代替 t，可得如式 4-19 所示的三维无限大传热问题的格林函数：

$$G(x,y,z,t|\varepsilon,\eta,\xi,\tau) = \frac{1}{[4\alpha\pi(t-\tau)]^{3/2}}\exp\left[-\frac{(x-\varepsilon)^2+(y-\eta)^2+(z-\xi)^2}{4\alpha(t-\tau)}\right] \tag{4-19}$$

那么，采用镜像法将如式 4-19 所示的格林函数转换为如式 4-20 所示的三维平板传热问题的格林函数：

$$G(x,y,z,t|\varepsilon,\eta,\xi,\tau) = \frac{1}{[4\alpha\pi(t-\tau)]^{3/2}}\sum_{n=-\infty}^{+\infty}\left\{\begin{array}{l}\exp\left[-\frac{(x-\varepsilon)^2+(y-\eta)^2+(z-\xi-2nD)^2}{4\alpha(t-\tau)}\right]+\\[2mm]\exp\left[-\frac{(x-\varepsilon)^2+(y-\eta)^2+(z+\xi-2nD)^2}{4\alpha(t-\tau)}\right]+\\[2mm]\exp\left[-\frac{(x-\varepsilon)^2+(y+\eta)^2+(z-\xi-2nD)^2}{4\alpha(t-\tau)}\right]+\\[2mm]\exp\left[-\frac{(x-\varepsilon)^2+(y+\eta)^2+(z+\xi-2nD)^2}{4\alpha(t-\tau)}\right]\end{array}\right\} \tag{4-20}$$

已知三维无限大传热问题的格林函数形式为

$$T(x,y,z,t) = \int_{-\infty}^{+\infty}\int_{-\infty}^{+\infty}\int_{-\infty}^{+\infty} G(x,y,z,t|\varepsilon,\eta,\xi,\tau)\big|_{\tau=0}T_0(\varepsilon,\eta,\xi)d\varepsilon d\eta d\xi +$$
$$\frac{\alpha}{\lambda}\int_{\tau=0}^{t}d\tau\int_{-\infty}^{+\infty}\int_{-\infty}^{+\infty}\int_{-\infty}^{+\infty} G(x,y,z,t|\varepsilon,\eta,\xi,\tau)\dot{q}(\varepsilon,\eta,\xi,\tau)d\varepsilon d\eta d\xi \tag{4-21}$$

将如式 4-20 所示的格林函数代入式 4-21，再结合初始条件和边界条件，得到如式 4-22 所示的三维平板传热问题的解：

$$T(x,y,z,t) = T_0(x,y,z) + \frac{\alpha}{\lambda}\int_{\tau=0}^{t}\mathrm{d}\tau\int_0^h\int_0^d G\left(x,y,z,t\,|\,\varepsilon=0,\eta,\xi,\tau\right)\dot{q}(\varepsilon=0,\eta,\xi,\tau)\mathrm{d}\eta\,\mathrm{d}\xi$$

（4-22）

至此，已知裂纹面的热源分布，可以获得裂纹区域温度场随时间和空间的变化规律。设定试件的厚度 D 为 4 mm，热源深度 h 为 1 mm，长度 d 为 5 mm，面热源均匀分布生热率 $\dot{q}$ 为 1×10^6 W/m²，采集帧频为 30 Hz，热源持续时间（激励时间）为 0.5 s。与实验一致，物理参数选取参考铝合金材料，如表 4-2 所示。

表 4-2　传热模型中的物理参数（铝合金材料）

密度/ kg/m³	比热容/ J/(kg·℃)	热传导率/ W/(m·℃)
2700	875	121

4.3.2　结果分析

1. 裂纹区域温度分布规律

图 4-12 为基于理论模型的裂纹区域温度分布，其中给出了激励结束时刻被测平板上表面与下表面裂纹区域的温度分布，颜色越亮的地方，温度越高。从图中可以看出，被测平板上表面与下表面的温度峰值均出现在裂纹区域；上表面裂纹区域温度升高值明显大于下表面裂纹区域温度升高值。需要指出的是，在用格林函数法求解温度分布时，待求温度的空间坐标不能落在面热源区域内，否则将使式 4-22 中的积分运算出错，因此在设定求解点时应避开热源区域。

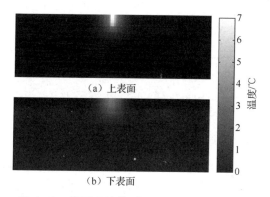

（a）上表面

（b）下表面

图 4-12　基于理论模型的裂纹区域温度分布

图 4-13 为基于理论模型的温度变化。图 4-13（a）给出了上表面与下表面裂纹中心位置温度值，观察其随时间变化的规律。从图中可以看出，裂纹中心位置温度随时间的推移而升高，上表面与下表面的温差随时间增大。与实验类似，以热源为中心，选取一个内切圆半径为 r_D 的矩形区域，提取该矩形内部裂纹区域的温度均值（在进行仿真计算时，裂纹在视场边缘，因此取矩形区域的一半），如图 4-13（b）所示。从图中可以看出，裂纹区域温度均值随时间近似线性增长，与实验观察和仿真结论基本吻合。

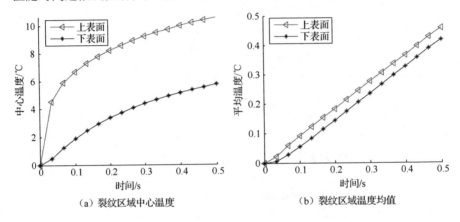

（a）裂纹区域中心温度　　　　　　（b）裂纹区域温度均值

图 4-13　基于理论模型的温度变化

2．对热源深度的估计

已知热源深度 h 会造成被测平板上表面与下表面温度的差异，定义下表面裂纹区域温度与上表面裂纹区域温度之比为

$$p = \frac{T_{\text{down}}}{T_{\text{up}}} \qquad （4-23）$$

式中，T_{up} 和 T_{down} 分别表示上表面与下表面裂纹区域的温度均值。

分别选用裂纹区域温度均值作为指标，观察该值随时间和裂纹深度变化的规律。图 4-14 为 p 值随热源深度变化的曲线，从图中可以看出，上表面与下表面的温度之比随时间和裂纹深度的增大均趋于 1，说明上表面与下表面的温度差异随时间和裂纹深度的增大而降低。同时，图 4-14 给出了如图 4-3 所示的实验数据与如图 4-7 所示的仿真数据分别对应的 p 值。从图 4-14 可以看出，由短划线位置推测仿真条件下热源深度小于 1 mm，这与图 4-10（d）的观察一致；而点划线与热源深度 2 mm 对应的曲线一致，据此可以估算实验中裂纹摩擦形成的热源深度大约为 2 mm。对其准确性进行验证，需要将被测平板冲断并进行裂纹接触面形貌分析，在这里不进行深入讨论。

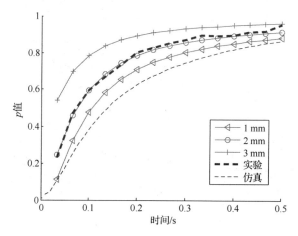

图 4-14　p 值随热源深度变化的曲线

3．对热源位置的估计

在实际检测过程中，裂纹区域上表面与下表面的温度图像可以通过热成像仪获取。因为在超声激励下裂纹位置通常呈现逐渐扩大的亮斑，所以难以精确确定裂纹的具体位置。不考虑热源的 z 方向分布，对热源分布的估计 $\tilde{g}(x,y,t)$ 可以通过式 4-24 求得：

$$\tilde{g}(x,y,t) = \frac{\lambda}{\alpha}\frac{\partial T}{\partial t} - \lambda\left(\frac{\partial^2 T}{\partial x^2} + \frac{\partial^2 T}{\partial y^2}\right)$$

（4-24）

式中，热传导率 λ 和扩散率 α 为已知条件。对如图 4-12 所示被测平板的上表面温度序列运用式 4-24 计算得到热源分布，如图 4-15 所示。从图中可以看出，经过变化，因热扩散形成的亮斑得到消除，热源位置形成了一条清晰的白色直线。因为将式 4-24 运用于裂纹区域温度序列能够反推热源的位置，所以称其为反演公式。

从理论上讲，反演公式可以用于推演裂纹的准确位置。然而，因为实际测得的裂纹区域温度图像包含大量的噪声，对图像信号进行求积分运算可以削减噪声，而对图像信号进行求微分运算可以放大噪声，所以式 4-24 所示的反演公式尚不能直接用于实测数据，必须采用合理的图像降噪方法确保温度序列具备较高的信噪比，后面将深入讨论这一问题。

图 4-15 基于理论模型的热源位置估计

4.4 本章小结

本章对典型检测条件下的金属平板贯穿裂纹的生热特性进行了分析，描述了裂纹附近区域的温度分布规律和裂纹面的生热规律，建立了裂纹面摩擦生热与裂纹面接触状态、裂纹面摩擦速度之间的联系。另外，基于理论传热模型，本章揭示了裂纹区域温度分布与热源位置、热源深度之间的关系，得出以下结论。

（1）实验和仿真分析表明：金属平板激励同侧的裂纹区域温度升高值大于激励异侧的裂纹区域温度升高值，裂纹面摩擦生热效率在激励过程中基本恒定。

（2）进一步的仿真分析表明：在典型检测条件下，金属平板激励同侧裂纹根部的接触力最大，而裂纹开口位置的相对运动速度高于裂纹根部。在两者共同作用下，裂纹面摩擦生热向激励同侧裂纹面的中间位置偏移。

（3）理论分析表明：裂纹摩擦生热形成的热源深度与被测平板裂纹上表面与下表面的温度差存在定量关系，热源位置可以通过反演公式估计。

第 5 章

超声红外热成像技术的检测条件优化

为了充分发挥超声红外热成像检测系统的最佳性能，在检测前通常需要选定合适的激励时间、激励强度和预紧力等检测条件。目前，超声红外热成像检测条件的确定主要依据检测人员的实践经验，缺乏规范的优化设计方法。从理论上讲，超声红外热成像检测条件优化的关键在于建立检测条件与缺陷生热的对应关系。然而，受装置性能瞬变、环境因素等影响，对同一缺陷的重复测量或许会产生不同的检测结果。因此，在实践过程中，检测条件优化主要是通过建立检测条件和缺陷检出概率（probability of detection，POA）之间的关系来实现。此外，不合理的检测条件会导致超声激励系统报警，所以还要建立检测条件与报警概率（probability of alarm，POA）之间的关联。本章以对检出概率模型和报警概率模型的构建为切入点，以单个含有贯穿裂纹的金属平板为研究对象，提出了基于检出概率模型和报警概率模型共同确定检测条件的优化选择方法。首先，从数理统计的角度建立起检测条件与检出概率、报警概率之间的映射关系，并阐述回归模型中变量筛选的基本原理；其次，通过实验和仿真分析相结合的方式分析检测条件对裂纹热信号的影响，确定回归模型中变量的初步形式；最后，经过变量筛选，得到检出概率模型和报警概率模型的最终形式，并最终确定检测条件的优化选择范围。

5.1 理论基础

5.1.1 检出概率模型

将响应信号记为与 p 个检测条件组成的向量 $\boldsymbol{x} = (x_1, x_2, \cdots, x_p)$ 相关联的特定参数 $\hat{x}$，则响应信号 $\hat{x}$ 综合了用于准确判定裂纹的所有信息。针对特定裂纹，如果函数 $g_x(\hat{x})$ 表示在特定检测条件下响应信号 $\hat{x}$ 的概率密度，那么基于检测条件的检出概率 $POD(x)$ 可表示为

$$POD(x) = \int_{\hat{x}_{dec}}^{\infty} g_x(\hat{x}) d\hat{x} \qquad (5\text{-}1)$$

式中，$\hat{x}_{dec}$ 为判定阈值。响应信号 $\hat{x}$ 和检测条件 x 之间的相关函数确定了函数 $g_x(\hat{x})$ 的均值，即

$$\hat{x} = \mu_x + \sigma \qquad (5\text{-}2)$$

式中，μ_x 表示函数 $g_x(\hat{x})$ 的均值，σ 是考虑响应信号 $\hat{x}$ 和均值 μ_x 差异的随机误差。随机误差 σ 的分布特性决定了关于 μ_x 的概率密度函数 $g_x(\hat{x})$。通常来说，可以将均值 μ_x 与检测条件 x 通过式 5-3 拟合：

$$\mu_x = \beta_0 + \beta x \qquad (5\text{-}3)$$

式中，β_0 为截距项；$\beta = (\beta_1, \beta_2, \cdots, \beta_p)$，为检测条件的拟合系数向量。

一般来讲，人们认为随机误差不随检测条件的变化而变化，而且满足正态分布特性，所以 $POD(x)$ 函数可以用下式计算：

$$\begin{aligned} POD(x) &= Probability[\hat{x} > \hat{x}_{dec}] \\ &= 1 - \Phi\{[\hat{x}_{dec} - \beta_0 - \beta x]/\sigma\} \end{aligned} \qquad (5\text{-}4)$$

定义以下变量

$$Z = \frac{\hat{x} - \mu_x}{\sigma} \qquad (5\text{-}5)$$

服从均值为 0、方差为 1 的标准正态分布。标准正态分布的概率密度函数为

$$\phi(z) = \frac{1}{\sqrt{2\pi}} \exp\left(\frac{-z^2}{2}\right) \qquad (5\text{-}6)$$

那么，可以认为 $1/\sigma \phi(z_k) dz$ 为第 k 次检测得到响应 $\hat{x}_k$ 的概率，故构造似然函数为

$$L = \prod_{k=1}^{n} \frac{1}{\sigma} \phi(z_k) \qquad (5\text{-}7)$$

式中，n 是检测次数。

似然函数的对数形式为

$$\ln L = -n\ln(\sigma) - \frac{1}{2}\sum_{k=1}^{n}\left[\frac{\hat{x}_k - (\beta_0 + \beta x_k)}{\sigma}\right]^2 \qquad (5\text{-}8)$$

式 5-8 的参数可以通过极大似然估计（maximum likehood estimation，MLE）求解，如式 5-9 所示：

$$\left.\begin{array}{l} 0 = \dfrac{\partial \ln(L)}{\partial \beta_0} = \dfrac{1}{\sigma} \sum_{k=1}^{n} Z_k \\[3mm] 0 = \dfrac{\partial \ln(L)}{\partial \beta_i} = \dfrac{1}{\sigma} \sum_{k=1}^{n} X_{ik} Z_k \\[3mm] 0 = \dfrac{\partial \ln(L)}{\partial \sigma} = \dfrac{1}{\sigma} \left(-n + \sum_{k=1}^{n} Z_i^{\,2} \right) \end{array}\right\} \quad i = 1, 2, \cdots, p \qquad (5\text{-}9)$$

运用 Newton-Raphson 迭代算法，可以求出 β_i 和 σ 的极大似然估计 $\hat{\beta}_i$ 和 $\hat{\sigma}$。

5.1.2　报警概率模型

过大的加载将会导致超声激励系统中的压电陶瓷单元损坏，系统需要在其内部反馈回路中设置保护机制，当出现不恰当加载时，超声激励系统会自动锁死（Lock-up），停止振动输出，并出现报警提示。在通常情况下，无法从报警测试中获取有用的信息，需要找到可能导致报警情况发生的检测条件，并在制定检测方案时加以规避。

为了便于分析，将报警事件记为 y，第 k 次检测 $\boldsymbol{x}_k$ 下发生报警记为 $y_k = 1$，不发生报警记为 $y_k = 0$。因此，可以将报警事件看作发生概率为 P 的伯努利试验的结果。但是，与单纯的伯努利试验不同，超声红外热成像检测系统中报警概率 P 为检测条件 $\boldsymbol{x}$ 的函数，记为 $\mathrm{POA}(\boldsymbol{x})$。实际观察结果表明，报警概率 $\mathrm{POA}(\boldsymbol{x})$ 与检测条件 $\boldsymbol{x}$ 之间的关系可以用 Logistic 函数进行描述，即

$$\mathrm{POA}(\boldsymbol{x}) = P(y=1 | \boldsymbol{x}) = \frac{\exp(\beta_0^a + \boldsymbol{\beta}^a \boldsymbol{x})}{1 + \exp(\beta_0^a + \boldsymbol{\beta}^a \boldsymbol{x})} \quad i = 1, 2, \cdots, p \qquad (5\text{-}10)$$

式中，β_0^a 为截距项；$\boldsymbol{\beta}^a = (\beta_1^a, \beta_2^a, \cdots, \beta_p^a)$，为检测条件的拟合系数向量。

对式 5-10 做 Logit 变换，得到

$$\ln \left[\frac{\mathrm{POA}(\boldsymbol{x})}{1 - \mathrm{POA}(\boldsymbol{x})} \right] = \beta_0^a + \boldsymbol{\beta}^a \boldsymbol{x} \qquad (5\text{-}11)$$

将第 k 次检测时发生报警的概率记为 p_k，即 $P(y_k = 1) = p_k$，不发生报警的概率记为 $1 - p_k$，即 $P(y_k = 0) = 1 - p_k$。那么，报警事件 y_k 的联合概率函数为

$$P(y_k) = p_k^{\,y_k} (1 - p_k)^{1 - y_k} \qquad (5\text{-}12)$$

于是，构造似然函数为

$$L = \prod_{k=1}^{n} P(y_k) = \prod_{k=1}^{n} p_k^{y_k} (1-p_k)^{1-y_k} \qquad (5\text{-}13)$$

式中，n 是检测次数。

对似然函数取自然对数，得

$$\ln L = \sum_{k=1}^{n} \left[y_k \ln \frac{p_k}{1-p_k} + \ln(1-p_k) \right] \qquad (5\text{-}14)$$

极大似然估计可以通过式 5-15 求得：

$$0 = \frac{\partial \ln L}{\partial \beta_i} \quad i = 0,1,2,\cdots,p \qquad (5\text{-}15)$$

运用 Newton-Raphson 迭代算法即可求出模型参数 β_i 的极大似然估计 $\hat{\beta}_i$。

5.1.3　基于赤池信息准则的变量筛选

在检出概率模型和报警概率模型的构建过程中，式 5-2 和式 5-11 中变量的数量和形式事先是不确定的，要根据实验和仿真分析初步确定拟合模型的形式，然后运用统计工具进行变量筛选。赤池信息准则（Akaike's information criterion，AIC）是评判统计模型性能的一个标准，由日本统计学家赤池弘次（Akaike Hirotugu）在解决时间序列定阶问题时提出，因此也称为"赤池信息量准则"[1]。该准则建立在"熵"概念的基础上，可以权衡所估计模型的复杂度及模型拟合数据的优良性。赤池信息量定义为

$$m_{\text{AIC}} = -2\ln L + 2n \qquad (5\text{-}16)$$

式中，$\ln L$ 为极大似然函数的对数形式；n 为模型的独立参数个数。因此，将式 5-8 或式 5-14 代入式 5-16 即可计算相应模型对应的赤池信息量。

赤池信息准则显著的特点之一是"吝啬原理"的具体化，即当需要从一组可供选择的模型中确定最优模型时，m_{AIC} 最小的模型最优。当模型之间差异较大时，这个差异在式 5-16 右边第一项得到体现；而当模型之间的差异较小时，则式 5-16 右边第二项开始起主导作用，即参数最少的模型最优。在具体实施时，经常采用逐步回归法比较待选模型的 m_{AIC}。在逐步回归分析过程中，将待评价统计模型添加或删除一个变量，其中对模型没有贡献的变量会被剔除，对模型有贡献的变量则被保留，直到添加或删除变量不会使模型有所改进为止。尽管经过筛选的模型已经满足了赤池信息准则，但由于这一准则有时过于"吝啬"，并不意味着选出的拟合模型真的是"最优"，因为变量筛选的最终结果还要满足显著性检验，而检验的标准是人为主观确定的。

5.1.4　t 检验

t 检验是在统计推断中常用的一种检验方法,在回归分析中常用于检验回归系数的显著性[2]。设总体 $X \sim N(\mu, \sigma^2)$,其中 μ、σ^2 未知,检验的原假设是

$$H_0 : \mu = \mu_0 \qquad (5\text{-}17)$$

对立假设是

$$H_1 : \mu \neq \mu_0 \qquad (5\text{-}18)$$

设 $X_1, X_2, \cdots, X_n$ 是来自总体 X 的样本。由于 σ^2 未知,不能利用 $\dfrac{\bar{X} - \mu_0}{\sigma/\sqrt{n}}$ 来确定拒绝域。S^2 是 σ^2 的无偏估计,用 S 代替 σ ,采用

$$t = \frac{\bar{X} - \mu_0}{S/\sqrt{n}} \qquad (5\text{-}19)$$

作为检验统计量。当观察值 $|t| = \left| \dfrac{\bar{X} - \mu_0}{S/\sqrt{n}} \right|$ 过大时就拒绝 H_0 ,拒绝域的形式为

$$|t| = \left| \frac{\bar{X} - \mu_0}{S/\sqrt{n}} \right| \geqslant k \qquad (5\text{-}20)$$

当 H_0 为真时, $\dfrac{\bar{X} - \mu_0}{S/\sqrt{n}} \sim t(n-1)$,故由

$$P\{\text{当} H_0 \text{为真时拒绝} H_0\} = P_{\mu_0} \left\{ \left| \frac{\bar{X} - \mu_0}{S/\sqrt{n}} \right| \geqslant k \right\} = \alpha \qquad (5\text{-}21)$$

得 $k = t_{\alpha/2}(n-1)$,即拒绝域为

$$|t| = \left| \frac{\bar{X} - \mu_0}{S/\sqrt{n}} \right| \geqslant t_{\alpha/2}(n-1) \qquad (5\text{-}22)$$

给定显著性水平 α ,双侧检验的临界值为 $t_{\alpha/2}$ 。当 $|t| \geqslant t_{\alpha/2}$ 时,拒绝原假设 $H_0 : \mu = \mu_0$,说明 $\bar{x}$ 和 μ_0 的差异是显著的;而当 $|t| < t_{\alpha/2}$ 时,不拒绝原假设 $H_0 : \mu = \mu_0$,说明 $\bar{x}$ 和 μ_0 的差异是不显著的。

需要明确的是,在判断显著性时通常用 p 值代替 t 值,这样做具有很多优越性,详细可参考文献[2]。通常来说,p 值法可直接与显著性水平 α 做比较,以此判断是否拒绝 H_0 。 $p \leqslant 0.01$,称推断拒绝 H_0 的依据很强或检验是非常显著的; $0.01 < p \leqslant 0.05$,称推断拒绝 H_0 的依据强或检验是显著的; $0.05 < p \leqslant 0.1$,称推断拒绝 H_0 的依据弱或检验是不显著的; $p > 0.1$,称没有理由拒绝 H_0 或检验非常不显著[3]。

5.2　检测条件对裂纹热信号的影响分析

本节主要研究激励时间、预紧力、激励强度和激励位置等检测条件对裂纹生热的影响。其中以式 4-1 中的能量指标作为裂纹热信号；激励强度采用最大输出功率（对应空载振幅 50 μm）的百分比表示；激励位置沿被测平板短边中心线（x 轴方向）移动，原点位于平板中心位置，共设置 17 个激励源，相邻两个激励源位置间距 10 mm。

5.2.1　激励时间对裂纹热信号的影响

图 5-1 为基于实验数据的裂纹生热估计量随时间变化的散点图及拟合曲线，给出了在三种不同检测条件组合下（激励强度和预紧力分别是：25%，15 kgf[①]；20%，15 kgf；25%，20 kgf），裂纹热信号随时间变化的分布规律及一次拟合曲线。从图 5-1 中可以看出，在三种不同检测条件组合下，裂纹区域热量估计都是随时间的延长而增大的，近似呈线性关系，说明在超声激励下裂纹的生热效率基本恒定。

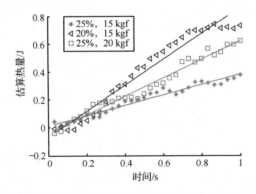

图 5-1　基于实验数据的裂纹生热估计量随时间变化的散点图及拟合曲线

考虑到实验受仪器设备精度、环境噪声等因素影响较大，所得数据尚不能充分确定裂纹热信号随时间线性增长的结论。接下来，采用第 4 章所示的仿真模型，通过仿真计算得到裂纹摩擦生热总能量随激励时间变化的散点图

---

① 1 kgf=9.80665 N。本书根据实验设备的具体情况，采用牛顿（N）和千克力（kgf）两种力的单位。

及一次拟合曲线，如图 5-2 所示。为提高计算效率，激励时间设为 500 ms。从图 5-2 中可以看出，在不同的检测条件组合下（激励强度和预紧力分别为：15 μm，96 N；15 μm，192 N；20 μm，96 N），裂纹生热效率基本维持恒定，裂纹区域摩擦生热总能量随时间的延长而增加，而且近似呈线性关系。需要说明的是，与实验分析不同，仿真分析时激励强度直接采用超声枪工具杆端面的空载振幅表示。

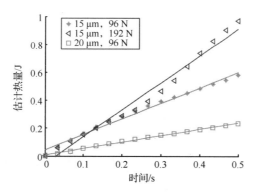

图 5-2　基于仿真计算得到的摩擦生热总能量随激励时间变化的散点图及拟合曲线

5.2.2　预紧力对裂纹热信号的影响

保持激励强度（14%、18%和 22%）、激励时间（1 s）等其他检测条件不变，在 0～50 kgf 范围内调节预紧力大小，记录裂纹区域的热信号。图 5-3 为基于实验数据的裂纹生热估计量随预紧力变化的散点图及拟合曲线，展示了裂纹热信号随预紧力变化的分布规律及二次拟合曲线。从图中可以看出，当预紧力在 0～30 kgf 范围内变化时，裂纹生热量先随着预紧力的增大而增加；而当预紧力大于 30 kgf 时，裂纹生热量将更容易受其他检测条件的影响。具体来看，当激励强度为 14%时，裂纹生热量随着预紧力的增大而减少，而当激励强度较大时（图中为 18%和 22%），超声激励系统将报警，实验数据无法采集。

为完善上述实验观察，同样采用仿真分析方法，给出了与实验条件类似的数值模拟结果，如图 5-4 所示。鉴于激励时间对裂纹生热量的影响为线性，考虑节约计算时间成本，将仿真计算时间设为 200 ms。从图中可以看出，在不同的激励强度下（空载振幅为 10 μm、15 μm、20 μm），裂纹摩擦生热量随预紧力的变化依然呈现先增加后减少的规律；激励强度越大，摩擦生热量由升转降出现的时刻越靠后。另外，对比图 5-3 和图 5-4 不难发现，如图 5-3 所示的实验结论位于图 5-4 中的虚线矩形框包含的区域内，从而验证了实验数据的准确性。

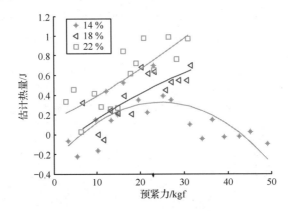

图 5-3　基于实验数据的裂纹生热估计量随预紧力变化的散点图及拟合曲线

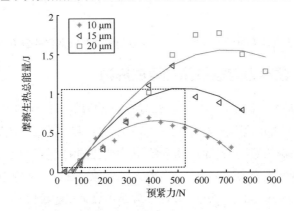

图 5-4　基于仿真分析的摩擦生热总能量随预紧力变化的散点图及拟合曲线

5.2.3　激励强度对裂纹热信号的影响

保持预紧力（5 kgf、10 kgf 和 20 kgf）、激励时间（1 s）等其他检测条件不变，在最大输出功率的 15%～40% 范围内逐步调节激励强度，记录在不同预紧力下裂纹区域的热信号。图 5-5 为基于实验数据的估计热量随激励强度变化的散点图及拟合曲线，图中展示了裂纹热信号随激励强度变化的分布规律及二次拟合曲线。从图中可以看出，无论预紧力处于哪个水平，裂纹生热量大致上都随激励强度的增大而增加。

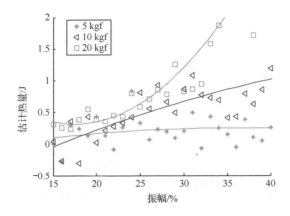

图 5-5　基于实验数据的估计热量随激励强度变化的散点图及拟合曲线

但是，由于存在超声激励系统报警问题，从实验结果中很难获取预紧力较大时估计热量随激励强度变化的规律。为此，通过仿真分析开展研究。图 5-6 为基于仿真分析的摩擦生热总能量随激励强度变化的散点图及拟合曲线，设置预紧力大小分别为 96 N、192 N、384 N 和 768 N，仿真计算时间固定为 200 ms，观察激励强度对裂纹生热量的影响规律。从图中可以看出，在不同的预紧力水平下，裂纹摩擦生热总能量随着激励强度的增加而增加。图 5-5 所示的实验结论大致位于图 5-6 仿真结果的虚线矩形框内，从而验证了实验数据的准确性。

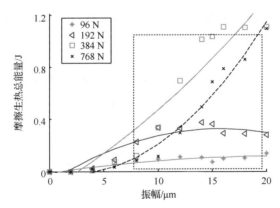

图 5-6　基于仿真分析的摩擦生热总能量随激励强度变化的散点图及拟合曲线

5.2.4　激励位置对裂纹热信号的影响

保持激励强度（15%）和激励时间（1 s）不变，设置预紧力为 180 N、

260 N 和 340 N，在平板中心位置两侧改变激励位置。图 5-7 为在 260 N 预紧力下不同激励位置裂纹区域温度分布图。从图中可以看出，激励位置位于偏离裂纹面距离较近的位置时，裂纹生热效果明显；而激励源轴向与裂纹面共面，或者激励位置偏离裂纹面较远时，裂纹生热效果并不明显。

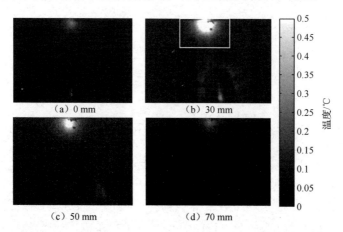

图 5-7　在 260 N 预紧力下不同激励位置裂纹区域温度分布图

　　通过热量估计的方式计算出裂纹面产生的热量。假定一个很薄的平板内部存在一个热源，不考虑空气对流和热辐射，可以认为平板表面的温度分布近似于内部温度分布，那么内热源产生的热量，可由式 4-1 近似给出。图 5-8 为裂纹区域热量估计。从图中可以看出，实验估算的裂纹生热量随时间的变化率基本恒定。

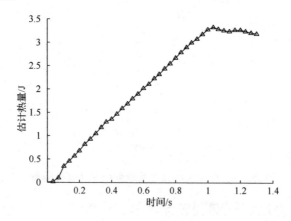

图 5-8　裂纹区域热量估计

按照上述方法，求解不同激励位置条件下的裂纹区域生热量估计的最大值，实验得到了三组数据，具体结果如图 5-9 所示。在实验中，由于裂纹预制不可控，裂纹面并不完全与 yOz 平面平行，而且外界干扰因素不可避免，其裂纹生热量的结果并不完全对称。但是，从整体结果来看，依然可以得到以下结论。

（1）无论预紧力如何变化，当激励源轴向与裂纹面共面（$x=0$）时，裂纹区域生热效果总是最弱的。

（2）当激励位置向两边移动时，裂纹区域生热量呈现波动下降的趋势，而且预紧力越大，波动现象越剧烈。

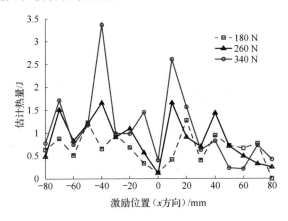

图 5-9　不同激励位置对应裂纹区域估计热量

5.3　基于检出概率和报警概率的检测条件优化

5.3.1　测试矩阵设计

基于上述分析，得出以下先验知识。

（1）裂纹热信号和激励时间的关系是线性的，不受其他因素影响。

（2）当其他条件不变时，裂纹热信号随预紧力的增大呈现先增强后减弱的趋势。

（3）当其他条件不变时，裂纹热信号随激励强度的增加而增强。

（4）过大的预紧力和振动幅值组合将引起激励系统报警，使测试中断。

（5）受激励系统自身的限制，在实际检测时，激励强度不能过小（激励强度应≥10%）。

根据上述结论，确定激励强度、预紧力和激励时间的取值范围，以这三个检测条件为解释变量，分别在各自的取值范围内选择六个水平，如表 5-1 所示。三个因子六个水平的组合共有 $6^3=216$ 种形式，每种形式的组合进行三次重复测量以求均值，将计算结果作为响应变量的取值。

表 5-1　测试因子水平

水　　平	激励强度/%	预紧力/kgf	激励时间/s
1	15	5	0.167
2	20	15	0.333
3	25	25	0.500
4	30	35	0.667
5	35	45	0.833
6	40	55	1.000

5.3.2　检出概率估算

基于 5.2 节的结论可知，无论激励强度和预紧力如何组合，裂纹热信号都与激励时间呈线性关系，而裂纹热信号与激励强度、预紧力的关系则分别可以用二次多项式描述。综合上述分析，将裂纹热信号与检测条件的关系写为以下形式：

$$\begin{aligned}
\hat{x} &= (\beta_{f0} + \beta_{f1}f + \beta_{f2}f^2) \cdot (\beta_{v0} + \beta_{v1}v + \beta_{v2}v^2) \cdot \beta_{c1}t + \beta_0 \\
&= \beta_0 + \beta_1 t + \beta_2 vt + \beta_3 v^2 t + \beta_4 ft + \beta_5 f^2 t + \beta_6 fvt + \\
&\quad \beta_7 f^2 vt + \beta_8 fv^2 t + \beta_9 f^2 v^2 t + \sigma
\end{aligned} \tag{5-23}$$

式中，f 为预紧力，v 为激励强度，t 为激励时间。

表 5-2 给出了式 5-23 中参数的估计值。一般来讲，当模型中各变量拟合系数的 t 检验结果大于 5% 时，相应项是统计不显著的。在如式 5-23 所示的模型中，除了时间一次项满足显著性检验要求，其他项均不满足要求，即在这个模型中只有时间一次项是统计显著的，其他项均是统计不显著的。

表 5-2　式 5-23 中参数的估计值

系　　数	估　计　值	标　准　差	t 值	$\Pr(>|t|)$
β_0	-5.508e-02	1.094e-01	-0.504	0.6153
β_1	-4.714e+00	2.344e+00	-2.011	0.0464
β_2	3.549e-01	1.872e-01	1.896	0.0602
β_3	-6.312e-03	3.491e-03	-1.808	0.0729

续表

系　数	估　计　值	标　准　差	t 值	Pr(>|t|)
β_4	3.557e-02	2.117e-01	0.168	0.8669
β_5	-9.655e-04	4.103e-03	-0.235	0.8143
β_6	-8.541e-04	1.787e-02	-0.048	0.9620
β_7	2.908e-04	3.574e-04	0.814	0.4173
β_8	2.982e-05	3.752e-04	0.079	0.9368
β_9	-3.954e-06	8.425e-06	-0.469	0.6397
σ	0.5634			

基于赤池信息准则和 t 检验结果（见表 5-2 的 Pr 值），对上述变量进行筛选，通过 R 语言中的 step 函数对上述回归模型中的变量进行筛选，最终得到如式 5-24 所示的拟合模型：

$$\hat{x} = \beta_0 + \beta_2 f v^2 t + \beta_3 f^2 v^2 t + \sigma \tag{5-24}$$

表 5-3 给出了式 5-24 中拟合系数的估计值。模型中各个系数 t 检验的结果显著不为 0（Pr < 0.05），表明模型的各变量对裂纹热信号的影响都非常显著，缩减模型式 5-24 的方差解释率已经达到了 98%。

表 5-3　式 5-24 中拟合系数的估计值

系　数	估　计　值	标　准　差	t 值	Pr(>|t|)
β_0	-2.063e-01	7.973e-02	-2.588	0.0107
β_2	3.107e-04	1.468e-05	21.171	<2e-16
β_3	-4.273e-06	3.258e-07	-13.117	<2e-16
σ	0.6217			

实际上，缩减模型式 5-24 在本质上可以变化为

$$\hat{x} = (\beta_0/v^2 t + \beta_2 f + \beta_3 f^2) v^2 t + \sigma \tag{5-25}$$

从式 5-25 的形式不难看出，该模型对应的物理意义非常明显，即当其他检测条件不变时，裂纹热信号随激励时间的延长呈现线性增强，随激励强度的增大呈现曲线增强，随预紧力的增大呈现先增强后减弱的趋势（根据 $\beta_0 < 0$，$\beta_2 > 0$，$\beta_3 < 0$ 容易判定）。

将表 5-3 中的拟合系数的估计值代入式 5-25 来计算裂纹检出概率。图 5-10 给出了激励时间为 1 s、判定阈值为 1 J，裂纹检出概率随检测条件（预紧力和激励时间）分布的云图，颜色越亮表示裂纹检出概率越大。从图 5-10 中可以看出，较大的激励强度和较大的预紧力组合能够显著提高裂纹检出概率。

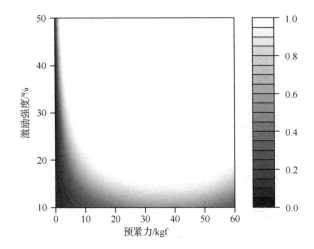

图 5-10   激励时间为 1 s、判定阈值为 1J，裂纹检出概率随检测条件分布的云图

5.3.3 报警数据分析

因为在实验中采用的激励时间为 1 s 左右，所以观察不到报警与激励时间是否存在相关性，这里假定报警与激励时间无关。式 5-9 表示的报警概率与检测条件的关系可以改写为

$$\ln\left[\frac{\text{POA}(\boldsymbol{x})}{1-\text{POA}(\boldsymbol{x})}\right] = \beta_0^a + \beta_1^a f + \beta_2^a v + \beta_{1,2}^a fv \qquad (5\text{-}26)$$

使用 R 语言中的 glm 函数求得式 5-26 的参数，再依据赤池信息准则和 t 检验结果，使用 R 语言中的 step 函数对上述回归模型中的变量进行筛选，最终确定与报警数据显著相关的只有交互项 fv，所以式 5-26 可以进一步改写为

$$\ln\left[\frac{\text{POA}(\boldsymbol{x})}{1-\text{POA}(\boldsymbol{x})}\right] = \beta_0^a + \beta_{1,2}^a fv \qquad (5\text{-}27)$$

表 5-4 给出了式 5-27 所述模型参数的估计值，可以看出：在 $p<0.01$ 的水平下，回归系数 t 检验的结果都非常显著，缩减模型式 5-27 的方差解释率超过了 99%。报警概率的 Logit 变换与交互项 fv 存在显著线性关系，式 5-27 能够准确描述报警概率与检测条件（预紧力和激励强度）的关系。

表 5-4   模型式 5-27 的参数估计值

系　数	估　计　值	标　准　差	t 值	Pr(>$|t|$)
β_0^a	−5.712574	1.878835	−3.040	0.00236
$\beta_{1,2}^a$	0.005684	0.001928	2.948	0.00320

图 5-11 为激励时间为 1 s 对应的报警概率云图，颜色越亮表示报警概率越大。从图中可以看出，预紧力和激励强度的乘积越大，越容易引起超声激励系统的报警。

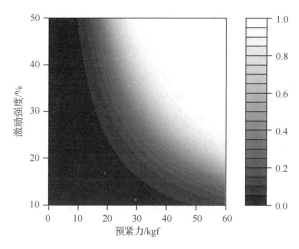

图 5-11　激励时间为 1 s 对应的报警概率云图

5.3.4　检测条件优化

在超声红外热成像检测过程中，最优的检测条件需要满足两个条件：尽可能最大化裂纹热响应，同时使报警事件尽可能减少。图 5-12 为激励时间为 1 s 对应的检测条件优化结果，结合了如图 5-10 所示的裂纹检出概率云图和如图 5-11 所示的报警概率云图。其中，裂纹检出概率阈值设置为 0.95，报警概率设置为 0.05。从图中可以看出，浅灰色区域范围内的检测条件不能使检出概率满足要求；深灰色区域范围内的检测条件不能使报警概率满足要求；黑色区域范围内的检测条件既不满足检出概率的要求，也不满足报警概率的要求；白色区域范围内的检测条件能够同时满足检出概率和报警概率的要求，此区域内

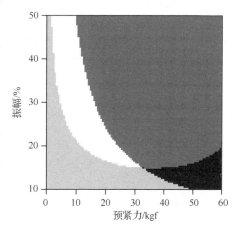

图 5-12　激励时间为 1 s 对应的检测条件
优化结果

的检测条件既可以使裂纹更容易检出，又可以将超声激励系统报警的可能性降到最低。

5.4　本章小结

本章以超声激励下含裂纹的金属平板为研究对象，采用实验和仿真相结合的手法分析了检测条件对裂纹热信号产生的影响，在此基础上确定了回归模型中变量的初步形式，利用赤池信息准则和 t 检验结果确定了回归模型中变量的最终形式，最后结合裂纹检出概率和报警概率给出了特定裂纹最优检测条件的选择范围，得到以下结论。

（1）激励时间和激励强度的增加将使裂纹生热量增大，而预紧力的增加使裂纹生热量呈现先增强后减弱的趋势，而且检测条件与裂纹生热量存在交互影响，检测条件与裂纹检出概率之间的关系可以用多元非线性回归模型描述。

（2）不恰当的检测条件将导致系统报警，检测条件与系统报警概率的关系可以用 Logistic 回归模型描述。

（3）基于赤池信息准则和 t 显著性检验结果，确定了检出概率模型和报警概率模型的最终形式，两者结合最终确定了检测条件的选择范围。

必须说明的是：对判定阈值的确定尚没有充分的理论依据，实际上判定阈值与仪器精度、裂纹结构参数等条件密切相关，需要专门进行深入研究；5.3 节对回归模型系数的估算完全以单个含有裂纹金属平板的实验数据为依据，如果将此裂纹视为特定类型裂纹总体的典型代表，那么上述结论必然满足该类型裂纹的检测条件优化，但不能将这些结论无限推广到对其他类型构件或者其他类型缺陷的检测条件优化上。因此，为严谨起见，将上述研究结论限定于对特定类型裂纹的检测条件优化。

参考文献

[1] AKAIKE H. A new look at the statistical model indentification [J]. IEEE Transactions on Automatic Control, 1974, 19(6): 716-23.

[2] 何晓群，闫素芹. 实用回归分析[M]. 2 版. 北京：高等教育出版社，2014.

[3] 盛骤，谢式千，潘承毅. 概率论与数理统计[M]. 4 版. 北京：高等教育出版社，2008.

第 6 章

超声红外热成像的单帧图像增强

超声红外热像图因噪声干扰及缺陷位置的热扩散，存在对比度差、清晰度低、边缘模糊等问题。为了增强红外图像视觉效果，提高缺陷检测能力，图像增强显得非常重要。超声红外热成像的图像增强可大体分为针对单帧图像和针对序列图像的两种增强方法，本章重点讨论前一种方法。首先介绍单帧图像常规增强流程，其次引入二值化与形态学降噪，最后讨论基于骨架描述算法的裂纹特征重构技术。

6.1　超声红外单帧图像常规增强流程

图像增强是指利用一些特定的图像处理方法来增强图像中缺陷与背景或噪声之间的对比度，以进一步凸显缺陷信息的过程，其目的是便于人工判读或自动识别。可以说，增强是一个相对的概念，其效果的好坏不仅与增强算法的优劣有关，还与红外图像的特征有直接的关系[1]。图像质量往往由观测者主观判定，没有公认且通用的定量指标，也就缺乏统一的图像增强理论。因此，图像增强算法大多数是面向实际问题的，只能有选择地使用[2]。

6.1.1　算术运算

算术运算一般被当作图像预处理操作的首要步骤，将其用于红外热成像技术的图像处理时，图像加法和减法最为常用，主要在两幅（减法）及多幅（加法）图像之间以像素为单位进行[3]。

在用红外热成像仪获取的红外图像中，物体都会留下影像。对于给定的某台红外热成像仪来说，系统自身的噪声一般较为稳定，而且热成像仪镜头在实验过程中保持不动，这些都构成了固定的背景信息。此时，去除背景信息对提高红外图像的质量有显著的作用。一幅红外图像可表示为

$$G(x,y) = I(x,y) + B(x,y) + N(x,y) \tag{6-1}$$

式中，(x,y) 为图像像素的坐标，$I(x,y)$ 表示被测对象的温度变化信息，$B(x,y)$ 表示背景信息，$N(x,y)$ 表示噪声信息。

1. 图像加法运算

图像加法（平均）是对同一场景的多幅图像求均值，方法是将几帧图像对应的像素值进行平均并生成新的图像。高斯噪声会使图像模糊并出现细小的斑点，从而使图像不清晰。高斯噪声属于加性随机噪声，其均值为零，故通过图像平均的方式能够有效消除红外图像中的高斯噪声[3]。文献[4]指出图像平均能够得到更为干净的背景图像。图 6-1 为背景图像平均前后对比，是用 20 帧背景图像平均前后的对比图。从图中可以明显看出，图像平均后噪声减弱。

（a）图像平均前的背景   （b）图像平均后的背景

图 6-1 背景图像平均前后对比

2. 图像减法运算

图像减法运算是通过将两幅图像对应的像素相减以获得变化的信息，可用公式 $g(x,y) = f(x,y) - h(x,y)$ 表示，其中 $f(x,y)$ 与 $h(x,y)$ 表示不同时刻从被测物体表面获取的图像，其最主要的作用是增强两幅图像的差异[3]，是一种广泛用于检测图像变化的处理技术。

对超声红外热成像技术而言，超声激励开始前的图像即背景图像，经过图像平均获得的纯背景图像即 $B(x,y)$，之后在位置固定情况下获得的每帧图像通过图像减法操作去除背景信息，即可得到含噪声的被测对象的温度变化

信息。此方法可以显著消除红外热成像仪捕捉温度场变化时的静态环境噪声，得到效果较好的温度场变化情况。因为在超声激励下仅缺陷部位生热，所以通过减法运算即可得到对比度较高的图像。

图 6-2 为减背景前后红外图像的对比，通过对比可知，减背景后的红外图像有效地消除了背景噪声的影响，对比度明显增强。

（a）原始红外图像　　　　　　　　　（b）减背景后的红外图像

图 6-2　减背景前后红外图像的对比

经过算术运算后得到的图像与原始红外图像相比，视觉效果有明显的改善，缺陷对比度升高，但当缺陷信息较少、背景环境良好时，处理效果不易用肉眼判别。因此，图像算术运算一般作为图像后续处理的预处理操作，运算结果被作为单帧图像与序列图像增强的基础。

6.1.2　灰度变换

图像增强的主要目的是调整图像的对比度，突出细节，改善视觉效果。灰度变换是图像增强的一种重要手段，用于改善图像显示效果，属于空间域处理方法。它可以使图像的动态范围加大，使图像对比度增强，图像更加清晰，特征更加明显。灰度变换的本质是按照一定的规则修改图像每一个像素的灰度值，从而改变图像的灰度范围。典型的灰度变换方法分为线性变换和分段线性变换（也称非线性变换）。

1．线性变换

为了更清晰地看到图像细节，增强对比度，扩大或调整图像显示的灰度值范围是一种较好的选择。假定原始图像的灰度值范围是 $[a,b]$，变换后的灰度范围扩展为 $[m,n]$，可以通过以下线性变换实现：

$$g(x,y) = \begin{cases} [(n-m)/(b-a)][f(x,y)-a]+m & a \leqslant f(x,y) \leqslant b \\ m & f(x,y) < a \\ n & f(x,y) > b \end{cases} \quad (6\text{-}2)$$

式中，$f(x,y)$ 是原灰度，$g(x,y)$ 是变换后的灰度。

2. 分段线性变换

通过分段线性变换的方式，可以突出某些令人感兴趣的细节，忽略一些不必要的信息。相比线性变换，其优势主要在于形式可以任意组合。一些重要变换就是利用分段线性函数描述的，但分段线性变换需要人工输入操作，这就增加了总体的工作量。根据需要，灰度通常分为三段。分段线性变换通过以下公式实现：

$$g(x,y) = \begin{cases} \gamma_1 f(x,y) + b_1 & 0 \leqslant f(x,y) < f_1 \\ \gamma_2 f(x,y) + b_2 & f_1 \leqslant f(x,y) < f_2 \\ \gamma_3 f(x,y) + b_3 & f_2 \leqslant f(x,y) \leqslant f_n \end{cases} \quad (6\text{-}3)$$

式中，$\gamma_1 = g_1/f_1 \qquad\qquad b_1 = 0$
$\gamma_2 = (g_2 - g_1)/(f_2 - f_1) \quad b_2 = g_1 - \gamma_2 f_1$
$\gamma_3 = (g_n - g_2)/(f_n - f_2) \quad b_3 = g_2 - \gamma_3 f_2$

图 6-3 所示为某帧原始超声红外图像及其温度直方图。温度直方图是表示图像像素点代表的温度值分布情况的统计图，横坐标表示温度，纵坐标表示某个温度值像素点的个数，反映不同温度值在总体中的取值情况，与常规的灰度直方图原理类似。从图中可以看出，温度分布范围很窄，表现在图像上即对比度低，可通过线性变换的方式拉伸显示范围。

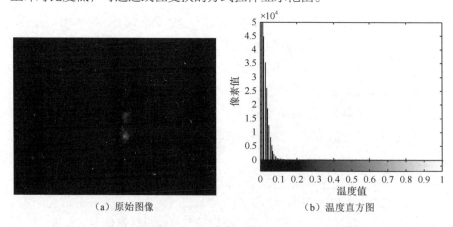

（a）原始图像　　　　　　　（b）温度直方图

图 6-3　某帧原始超声红外图像及其温度直方图

对图像进行线性变换，灰度变换后的图像如图 6-4 所示。从图中可看出，经过线性变换后，图像灰度范围明显增加，视觉效果有较大的改善，但增强后的图像中含有较多的噪声。

图 6-4　灰度变换后的图像

6.1.3　平滑与锐化

图像平滑处理主要是为了消除随机噪声的影响，图像锐化的目的则是突出图像中的细节或增强被模糊的细节。然而，在图像模糊部分增强的同时也会增加噪声，若不能提供较高信噪比的锐化图像，就会造成信噪比不升反降的情况[5]。因此，可以先对图像进行平滑降噪，然后再锐化，以突出细节。

1. 图像平滑

图像平滑主要以滤波为手段，而单帧图像平滑更多借助空域滤波，即直接对图像像素进行处理。空域滤波是在图像空间借助模板卷积对邻域操作完成的，可以分为平滑线性滤波和统计排序滤波，它们都是根据预先的定义对图像中的所有像素点在各自掩膜范围内进行平滑处理的[3]。

平滑线性滤波也称为均值滤波，输出掩膜范围内像素的算术均值[3]。具体来说，就是在图像上给待处理像素一个掩膜，掩膜以待处理像素为中心，包含其周围约定范围的像素，以掩膜中全体像素的均值代替中心像素的值。这种方法对高斯噪声的平滑效果比较明显。

中值滤波是一种非线性的空域滤波，是统计排序滤波的典型代表。它首先对掩膜范围内的像素进行简单排序，以排序的中值替换原有中心像素的值[3]。这种方法能够消除图像中存在的极值噪声，适合用于椒盐噪声降噪。

因为红外图像主要受高斯噪声影响，所以这里采用均值滤波方法对图像进行平滑降噪，掩膜的大小依据需要处理的图像而定。对经过图像灰度级变换的图像用 5×5 掩膜进行均值滤波处理，处理后的图像如图 6-5 所示。均值滤波对图像起到了平滑作用，但在一定程度上造成了图像模糊。

图 6-5　用 5×5 掩膜进行均值滤波后的图像

2. 图像锐化

图像锐化的作用是使图像灰度的反差增强。从空间域的角度分析，图像模糊一般是由于图像经过均值或积分运算，因此可以通过逆运算（如图像微分）来完成锐化处理。从频域的角度分析，图像模糊则是由于高频分量被滤除，因此可以通过高通滤波来完成锐化[6]。

因此，锐化可以从两个方面着手：一是微分法，如拉普拉斯锐化、梯度锐化；二是高通滤波法，常用滤波器有巴特沃斯高通滤波器、高斯型高通滤波器。

这里以拉普拉斯锐化为例，对图像进行锐化处理。

拉普拉斯算子[3]是最简单的各向同性微分算子，是一个线性操作。一个二元图像函数 $f(x,y)$ 的拉普拉斯变换可以定义为

$$\nabla^2 f = \frac{\partial^2 f}{\partial x^2} + \frac{\partial^2 f}{\partial y^2} \tag{6-4}$$

将这一方程表示为离散形式，在 x 方向上将二阶偏微分定义为

$$\frac{\partial^2 f}{\partial x^2} = f(x+1, y) + f(x-1, y) - 2f(x, y) \tag{6-5}$$

与此类似，在 y 方向上将二阶偏微分定义为

$$\frac{\partial^2 f}{\partial y^2} = f(x, y+1) + f(x, y-1) - 2f(x, y) \tag{6-6}$$

式 6-4 中的二维拉普拉斯变换可以通过上述两个分量相加得到：

$$\nabla^2 f = \left[f(x+1, y) + f(x-1, y) + f(x, y+1) + f(x, y-1) \right] - 4f(x, y) \tag{6-7}$$

这个公式可由下面的拉普拉斯算子实现：

0	1	0
1	-4	1
0	1	0

其变形算子有：

0	-1	0
-1	4	-1
0	-1	0

1	1	1
1	-8	1
1	0	1

采用上述拉普拉斯算子对经过均值滤波的图 6-5 进行锐化处理，处理后的图像如图 6-6 所示，缺陷区域亮度得到加强。与图 6-3（a）的原始图像相比，经过平滑与锐化，图像的缺陷信息得到增强，噪声被削弱。

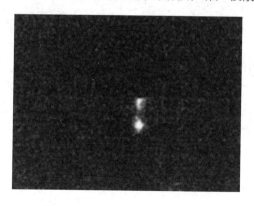

图 6-6 经过拉普拉斯锐化后的图像

6.2 二值化与形态学降噪

二值化就是将原始图像变换成二进制图像，但因灰度值划分的问题，容易产生大量噪声。而形态学降噪对图像中的散点、毛刺、空洞等噪声有非常好的处理效果。

6.2.1 二值化

二值化就是把原有图像变成像素值只有 1 和 0 二值图像，也称为黑白图像。为了直观地显示一帧图像中一些部位或区域的温度值与其他部位的不同，可以使用二值化方法，二值化方法可以快速有效地实现。

由统计学得知，一帧图像的数据标准差为[7]

$$s = \sqrt{s^2} = \sqrt{\frac{1}{n-1}\sum_{i=1}^{n} T_i - \overline{T}} \qquad (6-8)$$

式中，n 为一帧图像中像素的个数，T_i 为第 i 点的温度数据，$\overline{T}$ 为一帧图像温度数据的均值。

如果近似认为 $|T_i - \overline{T}| < s$ 为试件非缺陷区域的像素点，$|T_i - \overline{T}| \geq s$ 为试件有缺陷区域的像素点，那么可以快速得到二值图像。

这里以某次实验的一帧图像为例，如图 6-7 所示，图中白色圈出部分为裂纹生热区域，中间偏左下为激励源生热，按照上述公式对其进行二值化处理，处理后的二值图像如图 6-8 所示。

图 6-7 原始图像   图 6-8 二值图像

二值图像中的生热区域比原始图像大，将原来肉眼不能识别的热扩散凸显出来，视觉效果明显，但包含大量的噪声，部分缺陷信息被噪声淹没。

6.2.2 形态学降噪

"形态学"一词来源于生物学，是研究动植物形态结构的分支学科，也用来描述一种分析空间结构的理论。图像处理中的数学形态学指借助形态学理论，将其作为工具提取图像中的边界、骨架等描述区域形状的分量[3]。本节主要使用后处理阶段形态学技术中的形态学滤波降噪。

形态学滤波是一种非线性滤波，具有良好的边缘保持特性。其能够根据不同的图像类型，构造恰当的形态学算子。

数学形态学的 4 种基本运算是腐蚀、膨胀、开运算与闭运算。借助这些基本运算可以达到形态学处理的目的，即提高图像质量。这里仅对二值形态学进行讨论。

二值形态学涉及的概念主要包括结构元素、二值膨胀、二值腐蚀、开运算与闭运算。下面详细介绍相关概念。

1. 结构元素

结构元素是一个集合，用来探测目标图像。形态学要求结构元素处于一个原点上，其形状和尺寸取决于目标图像的几何性质。我们一般设集合 A 为图像集合，设集合 B 为结构元素，数学形态学运算是 B 对 A 的操作[8]。

2. 二值膨胀

由于 A 和 B 是 Z 中的集合，A 被 B 膨胀定义为

$$A \oplus B = \{z \mid (\hat{B})_z \cap A \neq \varnothing\} \tag{6-9}$$

膨胀可以使二值图像"加粗"或"变长"，消除其中小的噪声。加粗或变长的程度一般由预设的结构元素控制[9]。图 6-9 介绍了一个简化的膨胀过程。

通过图 6-9 可以看出，经过膨胀操作后，图像得到扩张，使原始图像变得饱满，起到了向外扩张、填补空洞的处理效果。

3. 二值腐蚀

A 和 B 为 Z 中的集合，B 对 A 进行腐蚀，表示为 $A\Theta B$，并定义为

$$A\Theta B = \left\{z \mid (B)_z \subseteq A\right\} \tag{6-10}$$

上式表明，当 B 完全包含于 A 中时赋值 1，当 B 部分包含或完全不包含于 A 时赋值 0。

腐蚀操作可以使二值图像"变细"或"变短"，填充物体的空洞[9]。其细化或者收缩的程度与膨胀类似，都会受到结构元素的控制。图 6-10 是一个二值图像细化的分解示意图，可以直观地阐述腐蚀的过程。

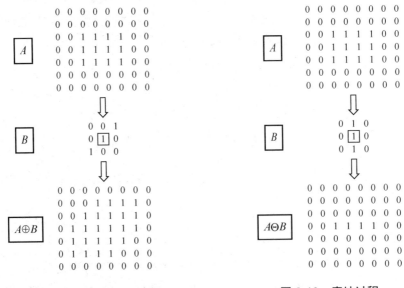

图 6-9　一个简化的膨胀过程　　　　图 6-10　腐蚀过程

4．开运算与闭运算

开运算与闭运算都是在图像膨胀与腐蚀的基础上建立起来的，属于形态学二次运算，在图像处理中起着关键作用。

集合 B 对图像 A 做开运算，用 $A \circ B$ 表示，定义为

$$A \circ B = (A \ominus B) \oplus B \tag{6-11}$$

上式表明，开运算是以结构元素 B 对目标图像 A 进行腐蚀，然后再对腐蚀的结果进行膨胀，根据结构元素 B 的特点可以有选择地消除图像中的散点和毛刺，分离连接较小的物体。

集合 B 对图像 A 的闭运算，用 $A \cdot B$ 表示，定义为

$$A \cdot B = (A \oplus B) \ominus B \tag{6-12}$$

上式表明，闭运算是用结构元素 B 对图像 A 进行膨胀，然后再对膨胀的结果进行腐蚀，它具有填充图像中细小的空洞、连接邻近物体的作用[10]。

由定义可知，开运算与闭运算互补。

根据数学形态学基本运算适用的情况，对二值图像进行形态学降噪，先开运算，后闭运算，形态学处理结果如图 6-11 所示。从图中可以看出，形态学降噪可以确定缺陷的位置信息，进一步提取缺陷区域的细节形貌则较为困难。同样，利用算术运算、灰度变换、平滑锐化等简单的处理方法，很难实现对缺陷的定量分析，这就需要进一步提出适用于热响应变化的图像增强方法。

图 6-11　形态学处理结果

6.3　基于聚类分析和骨架提取的图像增强

针对上述常规图像增强方法对超声红外图像缺陷细节增强效果不佳的问题，本节介绍一种缺陷生热区域沿裂纹走向的图像增强方法。具体思路是先利用基于 k 均值的 DBSCAN 聚类算法对超声红外图像进行缺陷识别分割，对高频缺陷区域进行裂纹骨架的提取，实现对裂纹的粗定位和对裂纹轮廓的粗定型，并沿裂纹轮廓采用改进的 POSHE 运算方法，再用伽马变换对低频非缺陷区域进行热扩散校正。最后，利用小波融合方法，得到增强的超声红外热像图。算法流程如图 6-12 所示。

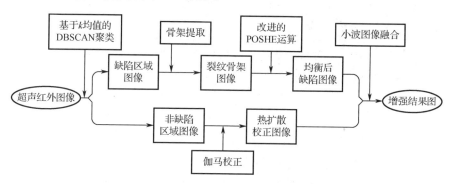

图 6-12　算法流程

6.3.1　基于 k 均值的 DBSCAN 聚类分割

超声红外热成像的聚类分割难度主要在于热扩散导致缺陷振动生热的区域边界不明显，以及噪声干扰导致热像图边界模糊。DBSCAN 算法对含噪声图像聚类具有一定的可行性，而且可以进行多层聚类，更易通过聚类得到裂纹生热区域。但是，使用 DBSCAN 算法，需要依照经验设定参数邻域半径（Eps）和邻域密度阈值（MinPts），在面对不同尺寸裂纹的超声红外热像图时，不能自适应地选择不同尺寸与不同发热量的裂纹超声热像图。设定 DBSCAN 算法的参数存在较大的难题。本节使用基于 k 均值的 DBSCAN 聚类算法，分析像素点的距离关系，通过分析不同聚类簇的样本距离，找到合适的邻域半径和密度阈值参数。

基于 k 均值的 DBSCAN 聚类分割算法对超声红外图像实现聚类，将图像分为非缺陷区域、缺陷区域和热扩散区域。首先，采用 k 均值算法对超声红外图像进行初步聚类，得到像素值相近，而且距离较近的多个簇。其次，统计不同簇中各个样本的像素及间距，根据正态分布，为图像中不同簇分配适合其自身的邻域半径和密度阈值参数，使区域相同的簇更易聚集。接着，使用 DBSCAN 算法对图像中的点进行聚类，判断像素点所处的聚类簇，选择对应簇的参数，将其分为核心点、边界点及噪声点，通过密度可达实现 DBSCAN 聚类。最后，依据聚类特性进行图像分割，得到热成像缺陷发热区域与非缺陷区域。

6.3.2 扩散校正与图像融合

非缺陷区域的热扩散也是超声红外图像增强需要重点关注的区域。伽马校正是对输入的图像灰度值进行非线性操作，使输出的图像灰度值与输入的图像灰度值呈指数关系。伽马校正用于超声红外图像增强，可以减少热扩散区域，同时不改变图像的暗部细节。

伽马校正公式为

$$f(I) = I^\gamma \qquad\qquad (6\text{-}13)$$

式中，I 为灰度值，γ 为校正系数。

通过小波图像融合，对缺陷区域与非缺陷区域的图像进行融合。利用小波变换的多分辨率分析，将原始图像分解为高频缺陷图与低频无缺陷图，得到一系列不同频段的子图像，然后用不同的融合规则对子图像进行处理。为保证在融合过程中减少热成像信息的丢失，本节对于低频信息采用基于邻域系数的局部方差加权求和的方式。为了更好地突出红外热成像的高频缺陷信息，采用区域能量加权求和的方式进行高频系数的融合。同时，为抑制背景噪声对融合效果的影响，利用引导滤波对融合后的高频分量进行平滑。最后，利用小波逆变换得到融合红外图像。

我们采用上面提出的基于 k 均值的 DBSCAN 聚类和缺陷骨架增强方法对大量超声红外热像图进行处理，进一步采用小波融合的方式进行图像融合。为更好地对比实验效果，我们选择五组裂纹长度不同，生热差异较大的超声红外缺陷局部图像作为实验对象，其分辨率为 128 像素×128 像素。为了比较效果，同时采用直方图均衡化（HE）、限制对比度自适应直方图均衡化（CLAHE）、自适应同态滤波（AHF）三种增强方法与提出的算法进行对比。图 6-13（a）为不同工件在不同生热时间下的五幅超声红外裂纹热像图，其裂纹光学测量长度分别为 5263.5 μm、6983.0 μm、7071.5 μm、7930.0 μm、8537.5 μm。如图所示，部分缺陷热像图在裂纹处生热显著，但热扩散明显；部分缺陷热像图在裂纹处温度变化不明显，边界模糊，对比度差；部分缺陷热像图在裂纹处生热不均匀，无法凭经验判断出裂纹走向。图 6-13（b）为经过基于 k 均值的 DBSCAN 算法聚类，有效分类出缺陷生热区域、非缺陷区域。热扩散明显的裂纹图像能够分割出热扩散区域，而且分割效果较为准确，能够获取缺陷生热处图像，仅有几个小面积的误判，结果如图 6-13（c）所示。

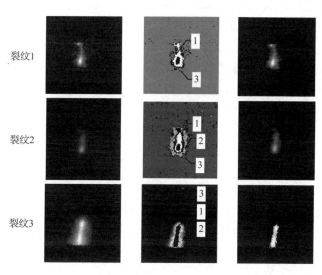

图 6-13　不同裂纹的原始热成像、聚类结果及分割结果

（1，2，3 分别为缺陷生热、热扩散和非缺陷区域）

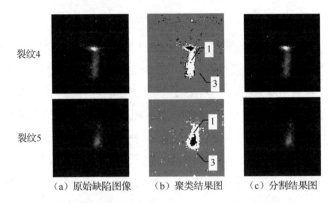

（a）原始缺陷图像　　　（b）聚类结果图　　　（c）分割结果图

图 6-13　不同裂纹的原始热成像、聚类结果及分割结果
（1，2，3 分别为缺陷生热、热扩散和非缺陷区域）（续）

6.3.3　基于骨架提取的 POSHE 算法

部分重叠子块直方图均衡化，简称"POSHE"。基于骨架提取的 POSHE 算法，其本质是提取像素的中心轮廓。基于骨架提取的现存算法众多，POSHE 算法使用的是 K3M 顺序迭代法，其思想是提取目标图像的外轮廓，利用轮廓迭代腐蚀边界，直至不能腐蚀，得到伪骨架，再从伪骨架中提取真实的骨架，再沿骨架走向对缺陷区域进行改进。

POSHE 算法虽然可以实现局部图像的增强，但由于子块结构的设定不参考图像本身的细节，均衡后的图像容易出现块效应。图 6-14 为经典 POSHE 算法及其改进。如图 6-14（a）所示，像素的重复均衡化程度高，导致图像出现过度增强的效果。本节提出的基于骨架提取的 POSHE 算法，沿骨架进行子块划分，较为完整地保留了生热区域的局部相关性，不仅避免了由于子块划分不恰当导致的块效应，而且能够均衡裂纹处的不连续生热，如图 6-14（b）所示。在本节的均衡算法中，单像素最高均衡次数从四次降为两次，而且子块只有沿裂纹一列，只存在子块前后的步长重叠，避免了传统 POSHE 算法左右步长的重叠，有效避免了过度增强。

HE、CLAHE、AHF 和本节算法对超声红外图像的增强对比结果如图 6-15 所示。HE 算法模糊了缺陷生热区域与热扩散区域，增强了热扩散区域与周围的对比。CLAHE 算法均衡了图像的灰度分布，但对缺陷增强效果不明显。AHF 算法有效减少热扩散，但对细节没有取得增强效果。相较而言，本节算法增强了缺陷处的生热细节，可以明显从视觉上观察到裂纹全貌，同时减少了热扩散的干扰。

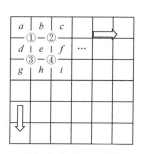

（a）经典POSHE算法

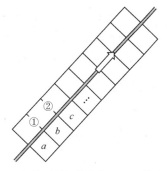

（b）基于骨架提取的POSHE算法

图 6-14　经典 POSHE 算法及其改进

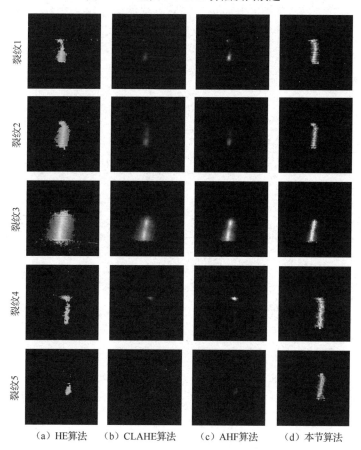

（a）HE算法　　（b）CLAHE算法　　（c）AHF算法　　（d）本节算法

图 6-15　四种增强方法的对比结果

为进一步证明本节算法的优越性，采用平均对比度、峰值信噪比[11](peak

signal-noise ratio，PSNR）和信息熵[12]，结果如表 6-1 所示。传统 HE 算法得到的缺陷对比度低，增强不明显，而且峰值信噪比低；由于对处理的图像内容不加选择，将热扩散区域误判为生热区域，导致图像失真程度高。CLAHE 算法最大限度地保真图像，但为防止噪声放大，限制了对比度，导致图像增强效果不明显，而且裂纹处信息熵比其他三种方法小，对裂纹的增强效果最差。AHF 算法对原始的缺陷生热明显的裂纹图像在一定程度上增强了对比度，但将生热不明显的裂纹图像误判为非缺陷，反而降低了图像对比度，但有一定的图像保真度。本节算法的对比度远超其他几种算法，缺陷处图像经过聚类识别，避免了位置误判，而且裂纹处的信息熵值远大于其他三种方法，说明改进过的 POSHE 算法可以有效增强裂纹细节，还原缺陷生热图中生热不均匀处的细节。本节算法整体的信息熵值远小于其他三种算法，说明其对热扩散及噪声的抑制最为明显。综上所述，对四种算法进行对比，本节算法增强效果最为明显，而且具有较强的图像保真度，具有最好的视觉增强效果。

表 6-1　四种方法的对比

增强方法	平均对比度	平均峰值信噪比/dB	平均信息熵（局部）	平均信息熵（整体）
HE 算法	764.34	19.34	5.09736	2.82070
CLAHE 算法	386.23	31.29	4.88798	2.84844
AHF 算法	554.65	26.80	5.07300	2.02054
本节算法	1578.23	25.68	6.86206	1.78756

6.4　本章小结

本章围绕超声红外热成像的单帧图像增强，重点介绍了单帧图像增强的基本流程、二值化与形态学降噪原理及处理结果，并在分析传统方法不足的基础上，进一步提出了基于聚类分析和骨架提取的图像增强方法，并与常见的 HE、CLAHE、AHF 三种算法进行对比。结果表明，本节所提的增强算法可以得到对比度更显著的图像，增强超声红外图像的视觉效果，提升裂纹诊断能力。

参考文献

[1] 田新利. 一种基于卫星图像的增强方法[J]. 电脑知识与技术，2008(11):

315-317.

[2] 郎瑞. 数字图像处理学[M]. 北京：希望电子出版社，2002.

[3] GONZALEZ R, WOODS R. 数字图像处理[M]. 阮秋琦，阮宇智，译. 2 版. 北京：电子工业出版社，2006.

[4] HAN X, HE Q. Developing thermal energy computing tools for sonic infrared imaging [C]. Proceedings of SPIE, 2006.

[5] 卢允伟，陈友荣. 基于拉普拉斯算法的图像锐化算法研究和实现[J]. 电脑知识与技术，2009(6): 1513-1515.

[6] 颜芳. 涡轮叶片冷却风道的原始红外图像增强及处理[D]. 成都：电子科技大学，2008.

[7] 茹世才，欧阳克智，王慧君. 新编概率论与数理统计[M]. 北京：北京大学出版社，2002.

[8] 冯进功. 基于数学形态学的医学图像处理研究[D]. 哈尔滨：黑龙江大学，2009.

[9] 金雪婧. 基于分形和数学形态学的木材缺陷图像处理[D]. 哈尔滨：东北林业大学，2010.

[10] 蒋东升. 基于数学形态学的边缘检测算法研究[D]. 成都：电子科技大学，2012.

[11] SARA U, AKTER M, UDDIN M S. Image quality assessment through FSIM, SSIM, MSE and PSNR—A comparative study[J]. Journal of Computer and Communications 7, no. 3 (2019): 8-18.

[12] 吴泽鹏，郭玲玲，朱明超，等. 结合图像信息熵和特征点的图像配准方法[J]. 红外与激光工程，2013, 42(10): 2846-2852.

第 7 章

超声红外热像图的序列增强

前一章主要利用传统图像增强算法和改进融合算法，对单帧红外图像进行增强。因为单帧图像包含的缺陷信息较少，不含时间因果信息，所以一般用于快速处理图像及对处理效果要求不高等场合。现阶段，主要研究方向集中在图像序列处理，图像序列处理方法能够将时间与频率等信息融合到图像中，较单帧图像处理有更为优异的效果，并能够对缺陷的深度、大小等信息做进一步的定量分析。

图像序列处理是指利用一段时间内若干帧图像组成的图像序列，通过提取每帧图像中的某种类型的信息来达到降低噪声、增强缺陷的目的。目前研究主要是将线性代数、数理统计等多种学科的方法用于图像序列处理，如脉冲相位法、多项式拟合法、主成分分析法、奇异值分解法、分形法等。超声红外图像情况复杂，脉冲相位法提取的温度信号相位信息受噪声影响大；多项式拟合法一般利用降温曲线，对采集帧频要求高，对超声红外热成像适用性不强；奇异值分解法无法重建图像序列，不利于后续处理；分形法对小缺陷信息提取能力弱，图像边缘模糊。

为增强缺陷对比度，提高辨识缺陷相关信息的能力，增加对缺陷判读的准确性，做到快速有效地检出缺陷，本章重点介绍基于主成分分析和小波变换的超声红外图像序列增强方法。

7.1　基于主成分分析的红外热像图序列增强

主成分分析（principal component analysis，PCA）的核心思想是将热像图序列数据简化为几个代表性指标，达到降低图像数据维数、抑制信号噪声等效果，从而实现热像图增强。本节重点介绍 PCA 原理及其应用，并针对主成分含义较为模糊这一问题，进一步引入稀疏主成分分析（sparse principal component analysis，sparse-PCA）和核主成分分析（kernel principal component analysis，KPCA），对比分析它们的图像增强效果。

7.1.1 主成分分析原理

当研究问题时，人们总是考虑尽可能多的指标，以避免信息遗漏，但指标过多会增加问题的复杂度，并造成大量的信息重叠，可能导致问题的特征及本质被淹没。因此，探索确定众多变量间起支配作用的共有因素，成为解决上述问题的有效方法。主成分分析能够有效降低数据空间维数，解决信号噪声大等问题，并通过数据量的减少来提高后续操作的运算速度[1]。这种方法通过研究原始数据协方差矩阵的结构关系，提取由原始变量线性组合而成的综合性指标来表征原有变量的大部分信息，这些综合性指标就是主成分[2]。

设对某事物的研究涉及 p 个指标，每个样本均为 p 个指标的一个实现。存在 n 个样本，分别用 $X_1,X_2,\cdots,X_n$ 表示，每个样本 X_i 都是一个 p 维随机向量。$X_i = (x_{1i}, x_{2i}, \cdots, x_{pi})^{\mathrm{T}}, (i=1,2,\cdots,n)$（T 表示矩阵的转置）。原始矩阵 X 为

$$X = \begin{bmatrix} x_{11} & x_{12} & \cdots & x_{1n} \\ x_{21} & x_{22} & \cdots & x_{2n} \\ \vdots & \vdots & \ddots & \vdots \\ x_{p1} & x_{p2} & \cdots & x_{pn} \end{bmatrix} \tag{7-1}$$

假设处理后的矩阵为 Y

$$Y = \begin{bmatrix} y_{11} & y_{12} & \cdots & y_{1n} \\ y_{21} & y_{22} & \cdots & y_{2n} \\ \vdots & \vdots & \ddots & \vdots \\ y_{p1} & y_{p2} & \cdots & y_{pn} \end{bmatrix} \tag{7-2}$$

存在一个大小为 $p \times p$ 的矩阵 S，使 $Y = SX$，可实现从 X 到 Y 的转换，并使 Y 具有以下特征。

（1）当 $i \neq j$ 时，Y_i 和 Y_j 不相关。

（2）$Y_i(i=1,2,\cdots,p)$ 的方差逐渐缩小。

称 Y_1 为向量 X 的第一主成分，Y_2 为第二主成分，以此类推。

X 的均值向量为 $\mu = [\mu_1, \mu_2, \cdots, \mu_p]$，其中，$\mu_1 = E\{X_i\}, i=1,2,\cdots,p$，向

量 X 的协方差矩阵为

$$S = \begin{bmatrix} s_{11} & s_{12} & \cdots & s_{1p} \\ s_{21} & s_{22} & \cdots & s_{2p} \\ \vdots & \vdots & \ddots & \vdots \\ s_{p1} & s_{p2} & \cdots & s_{pp} \end{bmatrix} \tag{7-3}$$

式中，$s_{ij} = \text{cov}(X_i, X_j) = E\{(X_i - u_{X_i})(X_j - u_{X_j})\}$。因为 $s_{ij} = s_{ji}$，所以 S 为 $p \times p$ 实对称矩阵。

为消除指标间的相关性，需要舍弃对整个指标来说影响较小的因素，保留能够反映主要信息的因素。目前，有效特征值的选择通常采用以下几种方法[3]。

（1）均值法。保留大于均值的特征值，删除小于均值的特征值。

（2）中值法。保留大于中值的特征值，删除小于中值的特征值。

（3）最大降幅法。视具体情况，选择以降幅最大的两个特征值区间内的一个值为门限，保留大于门限的特征值，删掉小于门限的特征值。

（4）特征值大于 1 法。保留大于 1 的特征值，删除小于 1 的特征值。该规则简单易用，是一个经验法则，没有统计检验，却比一般的统计检验方式更有效。

（5）碎石坡法。这是一种看图方法。将特征值按照排列顺序绘制曲线，一般头部迅速下降，尾部平坦，从尾部逆向画一条回归线，保留远高于回归线的特征值，删除回归线附近的特征值。

（6）贡献率法。特征值的贡献率定义为

$$g = \sum_{i=0}^{K-1} \lambda_i \Big/ \sum_{i=0}^{N-1} \lambda_i \tag{7-4}$$

一般保留 g 大于某阈值（一般为 85%）的特征值，将其余的特征值删除。

（7）试探法。不断更改主成分，进行重构，从对比实际处理效果出发，选取满意的有效特征值。该方法耗时长且劳动量大，但往往能够取得最佳的效果。

为消除各个指标之间的相关性，一般采取特征值大于 1 法或贡献率法选取主成分，舍弃特征值小于 1 或贡献率小的主成分，并要求保留的主成分的累计贡献率达到 85%以上，贡献率的高低取决于协方差矩阵的特征值在特征值总和中的比例。将 U 中的元素值按从大到小的顺序排列，即 $u_1 \geq u_2 \geq \cdots \geq u_p$，其相应的特征向量可写为 $S = (S_1, S_2, \cdots, S_p)$，其中 $S_i = (s_{1i}, s_{2i}, \cdots, s_{pi})^T$，$(i = 1, 2, \cdots, p)$，而主成分通过计算特征值对应的特征向量得到。

在实际的图像序列处理过程中，需要根据图像实际处理的效果来具体确定对主成分的选取，故采用贡献率法与试探法相结合的方式来确定主成分。

确定主成分后，再利用得到的主成分重建图像序列，能够消除图像序列中的次要成分，得到仅由主成分构成的图像[4]。

7.1.2　图像序列预处理

通过对主成分分析法基本思想及基本理论的叙述，可以看出，主成分分析法能够在图像序列中提取缺陷信息，凸显主成分缺陷，并能够重建增强后的图像序列。下面介绍主成分分析法如何用于图像序列处理。

超声激励及图像采集时间很短，在整个实验过程中，在避免操作人员大幅活动的情况下，可以假定周边环境因素在此期间不发生变化。选取减背景后的图像序列中缺陷对比度较高的一帧图像，如图 7-1 所示，中间的亮点表示缺陷。在实验中，激励位置位于缺陷右侧，而且因为实验台设计因素，右侧固定试件的位置距缺陷较近，所以激励生热及夹具与试件的碰撞生热使较多的热量传递到右侧；同时，光照、外界辐射等因素仍不可避免地对红外图像产生影响。上述因素造成试件左右两侧热量不均匀，噪声情况复杂，图中缺陷信息不明显。在其他缺陷对比度较低的图像中，缺陷信息因被淹没而无法识别。因此，有必要进行图像增强，以提高检测能力。

图 7-1　减背景后的原始热像图

在进行主成分分析处理前，需要对原始图像序列进行相应的预处理，以减少运算量、降低干扰，提高主成分分析的有效性。

1. 预处理操作

（1）减背景。

如 6.1 节所述，为得到发生变化的温度信息，按照像素对应的温度值，将整个原始图像序列减去超声激励开始前的一帧图像，即背景帧，以降低环境静态因素与表面状态等因素的影响。

（2）截取感兴趣区域。

在实际检测过程中，由于受实验设备条件、被测对象大小等因素的制约，红外热成像仪几乎不可避免地将被测对象边缘、激励源、固定装置等可以直接用肉眼辨识的非缺陷信息拍摄到图像中。为消除此类信息的干扰，降低数据运算的复杂程度，从图像序列中截取需要检测的区域就成为提高检测效率的有效途径。根据采集到的图像情况，截取区域为 72 像素×126 像素。

（3）选取采集帧数。

通过以往实验的观察，当缺陷较大时，该区域平均温度的升高较为平稳，噪声对缺陷区域温度变化趋势的影响不大。当缺陷很小时，在超声持续激励过程中，缺陷区域温度持续升高且温度升高值不大。由于热传导客观存在，缺陷周边区域也会出现不同程度的温度升高现象，而且两者均与激励强度有关，会对主成分的选取及图像序列的重建产生负面影响。因此，超声激励开始阶段的数据不适合用主成分分析法来处理。在超声激励最后阶段，试件状态趋于稳定，而且激励结束后的降温过程主要依赖材料本身的特性。该阶段可作为主成分分析的数据对象。考虑计算量因素，截取从第 71 帧到第 120 帧共 50 帧图像作为处理对象。

2．主成分分析

对预处理后的红外图像序列的主成分分析一般按照图 7-2 所示的流程进行。

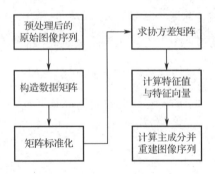

图 7-2　红外图像序列的主成分分析流程

下面对各个步骤进行详细描述。

（1）构造数据矩阵。

以图像序列中每个像素点的温度-时间序列作为列向量，每帧图像的像素按照从左到右、由上至下的顺序重排为行向量，构造数据矩阵，图像序列如图 7-3 所示。截取感兴趣区域的大小为 72 像素×126 像素，共 50 帧。按照上述方法，构造一个 $w×t$ 的数据矩阵，其中 $w=72×126$，$t=50$，这样就得到了 w 个 t 维列向量，向量中的元素表示为 $x_{ij}(i=1,2,\cdots,t,j=1,2,\cdots,w)$。

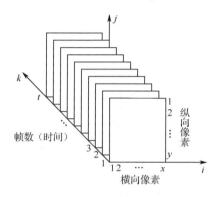

图 7-3 t 帧大小为 x 像素×y 像素的图像序列

（2）矩阵标准化。

为便于后续运算，进一步消除背景分量影响，并使信号方差为 1，对 x_{ij} 进行标准化处理：

$$z_{ij}=\frac{x_{ij}-E_i}{D_i},(i=1,2,\cdots,t,j=1,2,\cdots,w) \tag{7-5}$$

式中，

$$E_i=\frac{1}{w}\sum_{j=1}^{w}x_{ij},(i=1,2,\cdots,t) \tag{7-6}$$

$$D_i=\sqrt{\frac{1}{w-1}\sum_{j=1}^{w}(x_{ij}-E_i)^2},(i=1,2,\cdots,t) \tag{7-7}$$

这样就得到了 w 个 t 维列向量：

$$\boldsymbol{Z}_i=(z_{1i},z_{2i},\cdots,z_{ti})^{\mathrm{T}},(i=1,2,\cdots,w) \tag{7-8}$$

（3）求协方差矩阵。

求标准化后的 z_{ij} 所构成向量的均值向量 $\boldsymbol{e}$ 和协方差矩阵 $\boldsymbol{V}$：

$$e_i=\frac{1}{w}\sum_{j=1}^{w}z_{ij},(i=1,2,\cdots,t) \tag{7-9}$$

$$V = \frac{1}{w}\sum_{i=1}^{w} Z_i Z_i^{\mathrm{T}} - ee^{\mathrm{T}}, (i=1,2,\cdots,t) \qquad （7\text{-}10）$$

（4）计算特征值与特征向量。

求出协方差矩阵 V 的特征值 $U=(u_1,u_2,\cdots,u_t)$（其中 $u_1 \geq u_2 \geq \cdots \geq u_t$）和相应的特征向量 $S=(S_1,S_2,\cdots,S_t)$。此时，以贡献率法为基础，对前几个主成分图的显示效果及重建图像序列的增强效果进行比较，采用试探法具体确定显示及重建图像序列的主成分。

（5）计算主成分并重建图像序列。

从第一主成分的取值大小及值的分布情况可知，第一主成分主要反映热像图场的整体温度变化，从第一主成分图中无法识别缺陷信息，利用第一主成分重建图像序列还会对重建效果产生负面影响，故舍弃第一主成分；其他主成分反映缺陷处温度场不均匀性的特征，按照贡献率由高到低，反映缺陷信息的程度依次减弱，第二主成分图反映缺陷信息最明显；对比前几个主成分中缺陷区域与非缺陷区域的值，并通过改变选取的主成分对序列图像的重建效果进行比较，发现利用第二主成分、第三主成分重建的图像序列效果最佳。

第二、第三两个主成分 Y_1、Y_2 可由下式得到：

$$Y_j = (S_2, S_3)^{\mathrm{T}} X_j, (j=1,2,\cdots,w) \qquad （7\text{-}11）$$

利用第二主成分、第三主成分 Y_1、Y_2 可重建图像序列：

$$\overline{X_i} = (S_2, S_3) Y_i, (i=1,2,\cdots,w) \qquad （7\text{-}12）$$

式中，$\overline{X_i}$ 为在第二主成分、第三主成分下重建的图像序列。

7.1.3 处理结果与分析

对原始图像序列进行主成分分析，得到有代表性的第二主成分图与重建的图像序列。为验证主成分分析法在图像序列增强中的效果，结合在实际检测中可能存在的问题，对结果做以下分析。

1. 降噪与增强效果

为定量比较处理前后的图像增强效果，需要采用统一的定量评价标准对处理结果进行定量评定，一般采用以下三个统计学指标[5]。

（1）Z 标准：

$$Z = (T_d - T_{nd}) \Big/ \sqrt{S_d^2/n_d + S_{nd}^2/n_{nd}} \qquad （7\text{-}13）$$

式中，S_d 是缺陷区域的像素温度标准差；T_d 和 T_{nd} 分别表示缺陷区域和非缺陷区域的像素温度均值；n_d 和 n_{nd} 分别是缺陷区域和非缺陷区域的像素个数。

（2）D 标准（来自 Kolmlgoroff-Smirnoff 检验）：

$$D = \max \left| F_d / n_d - F_{nd} / n_{nd} \right| \qquad (7\text{-}14)$$

式中，F_d 和 F_{nd} 分别是有缺陷区域和非缺陷区域的经验分布函数。

（3）信噪比：

$$\text{SNR} = \frac{\left| \overline{T_d} - \overline{T_{nd}} \right|}{\sigma_{nd}} \qquad (7\text{-}15)$$

式中，$\overline{T_d}$ 和 $\overline{T_{nd}}$ 分别是缺陷区域和非缺陷区域像素温度的均值，σ_{nd} 是非缺陷区域像素温度值的标准差。

对原始热成像而言，像素值即温度值。

信噪比（signal-to-noise ratio，SNR）是一种最常使用的定量分析图像处理前后变化的参量，本节采用信噪比定量评估图像的增强效果。

用来求信噪比的缺陷区域和非缺陷区域主要通过在各帧图像的固定位置截取缺陷区域和非缺陷区域的部分图像得到，如图 7-4（a）中框线所示，中间小的矩形框表示缺陷区域，两侧大的矩形框表示非缺陷区域，考虑到左右热量不均，在缺陷区域左右两侧分别截取两块非缺陷区域。下文所指的缺陷区域与非缺陷区域均指图 7-4（a）中标示的区域。因此，这里的信噪比只可纵向比较特定位置图像在不同时间的变化。

取原始图像序列中信噪比最高的第 19 帧图像与第二主成分图进行比较，如图 7-4 所示。从定性角度来看，图 7-4（b）的视觉效果较好，表现在其缺陷区域灰度值较大，非缺陷区域灰度值较小；从定量角度来看，图 7-4（a）的信噪比为 8.17，图 7-4（b）的信噪比为 16.63，直观地说明了主成分分析法可以提高图像信噪比。

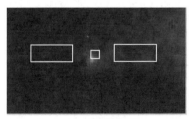 

（a）原始热像图　　　　　　　（b）第二主成分图

图 7-4　处理前后图像对比

在实际检测中，受光照、环境温度、激励位置等因素的影响，对热成像仪进行校准后仍然可能出现热像图整体亮度不均匀的情况。从图 7-1 与图 7-4（a）

均可以看出，缺陷右侧部分较左侧亮，产生原因已在前文说明，而图 7-4（b）已经基本不存在这种情况。

为了更直观地观察增强效果，分析原始图像序列中信噪比最高的一帧图像与第二主成分图中穿过缺陷中心的三行像素的均值的变化，利用式 7-5 进行标准化，化为同一数量级后得到图 7-5 所示的像素值二维图。图中的突起部分对应缺陷区域，两侧对应非缺陷区域。在非缺陷区域，原始热像图（处理前）的像素值起伏较大，而且左右两侧数据在数值上有差别，右侧的数值高于左侧，这是噪声及热量不均造成的；第二主成分图（处理后）的像素值起伏降低，两侧数据基本一致，说明第二主成分能够减弱环境噪声的影响，消除两侧热量不均匀的现象。第二主成分图的缺陷区域峰值较原始热像图的大，处理后波峰与波谷的差值增大，使处理后图像的信噪比增加。

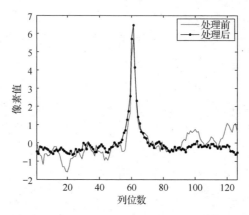

图 7-5　处理前后缺陷水平中心线像素值变化曲线

然而，在第二主成分图右侧仍然可以看出几个斑点，亮度值相比裂纹区域非常弱，按照图 7-5 的方式做出第 38 行像素取值变化图，如图 7-6 所示，横坐标 100～110 的位置有一块明显的突起。对比试件，发现该位置存在因喷漆不均匀产生的漆斑，表明主成分分析法对喷涂不良有一定的检测效果。

2. 对包含部分缺陷图像的处理

在通常情况下，实验操作人员总是保证整个缺陷区域都处于拍摄的热像图范围内；然而，当缺陷位置与大小未知、被测对象较大或对设备进行实际检测时，红外热成像仪可能无法记录整个被测对象的温度场或只能分区域记录，检测及图像处理需要分块进行。此时可能出现仅有部分缺陷位于图像中的情况。为验证主成分分析法能否对包含部分缺陷的图像序列进行有效检测，进行以下操作。

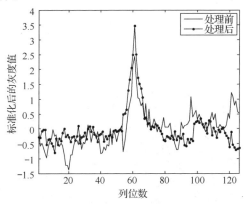

图 7-6　处理前后第 38 行像素值变化曲线

将原始图像序列分为左右两部分，左边部分图像序列大小为 72 像素×62 像素×50 帧，右边部分图像序列大小为 72 像素×64 像素×50 帧，图 7-7（a）和（b）所示为原始图像序列中信噪比最高的一帧图像的左右两部分。对原始图像序列进行主成分分析，得到左右部分相应的第二主成分图，如图 7-7（c）和（d）所示。通过比较可知，缺陷的位置与缺陷是否完整不影响主成分分析法对缺陷的检出。

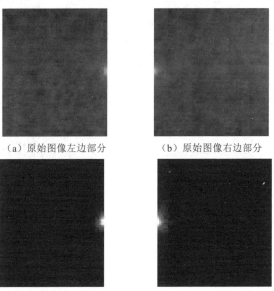

（a）原始图像左边部分　　　　　（b）原始图像右边部分

（c）处理后图像左边部分　　　　（d）处理后图像右边部分

图 7-7　包含部分缺陷图像的处理结果对比

3. 主成分的含义

第一主成分主要反映图像序列的整体温度变化，包含较大的噪声与热量不均匀等现象，在多数情况下不宜用于图像序列重建[6]。为直观地说明第一主成分的情况，绘制第一主成分图，如图7-8所示。从图中可以看出，它受噪声影响较大，而且包含热量不均的现象。

图7-8 第一主成分图

图7-9为重建前后各区域取值变化曲线对比，显示了第二主成分、第三主成分和第二主成分、第三主成分重建的图像序列中缺陷区域与非缺陷区域的像素值变化曲线。比较缺陷区域［图7-9（a）（c）（e）（g）］与非缺陷区域［图7-9（b）（d）（f）（h）］的像素值随时间变化的曲线，可以发现第二主成分重建图像序列的缺陷区域像素取值的变化趋势与原始图像序列一致，而且较第三主成分重建图像序列的缺陷区域取值相差一个数量级，第三主成分重建图像序列的非缺陷区域变化趋势及取值也是如此。从图中分析可知，第二主成分主要反映缺陷区域的温度变化情况，而第三主成分主要反映非缺陷区域的温度变化情况。

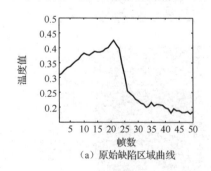

（a）原始缺陷区域曲线

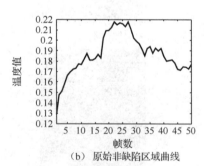

（b）原始非缺陷区域曲线

图7-9 重建前后各区域取值变化曲线对比

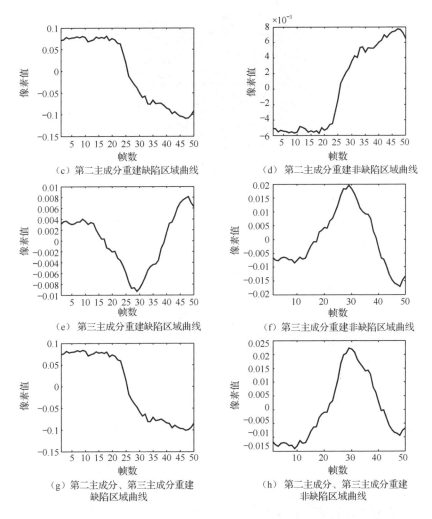

（c）第二主成分重建缺陷区域曲线　　（d）第二主成分重建非缺陷区域曲线

（e）第三主成分重建缺陷区域曲线　　（f）第三主成分重建非缺陷区域曲线

（g）第二主成分、第三主成分重建　　（h）第二主成分、第三主成分重建
　　　缺陷区域曲线　　　　　　　　　　　非缺陷区域曲线

图 7-9　重建前后各区域取值变化曲线对比（续）

4．重建图像序列的效果

对照各个主成分代表的意义，第二主成分和第三主成分能够兼顾重建效果及各区域信息，利用第二主成分、第三主成分，按照式 4-12 重建图像序列，重建后缺陷区域与非缺陷区域取值随帧数变化曲线如图 7-9（g）和（h）所示。

对比重建前后缺陷区域与非缺陷区域取值及信噪比变化曲线，重建后缺陷区域与非缺陷区域像素值随帧数的波动均有所减弱，信噪比明显升高，且处理后信噪比曲线较处理前平稳，表明主成分分析法能够降低图像序列的时域噪声。原始图像序列在超声激励停止后，信噪比迅速下降，而重建图像序列的信噪比在第 25 帧时出现突降，然后又迅速上升，如图 7-10 所示。分析可知，缺陷区域不再生热是造成原始图像序列信噪比下降的直接原因，重建图像序列缺陷区域与非缺陷区域像素值的差值在第 25 帧的位置出现了一个正负交换的过程［见图 7-9（g）和（h）］，通过取信噪比绝对值的方式将第 25 帧后的负差值取反，使像素差值为负数而信噪比为正数且逐步增大，故产生了两个峰值。若以上分析成立，则两个峰值对应帧数图像的显示效果应该相反。为验证分析结果，我们绘制了两个峰值对应帧数的图像，分别为第 6 帧和第 37 帧，如图 7-11 所示，验证了分析结果。虽然仅从第二主成分图即可有效判断缺陷是否存在与缺陷的位置等信息，但重建图像序列便可以在原有基础上保留时间信息，使处理后的温度场信息仍然以序列图像的形式存在，可以为针对缺陷深度、大小等定量信息的研究提供依据。

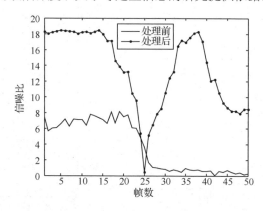

图 7-10　处理前后图像信噪比随帧数的变化曲线

(a) 第 6 帧　　　　　　　　　　　(b) 第 37 帧

图 7-11　处理后两个峰值对应帧数的图像

7.1.4　基于 sparse-PCA 的热成像增强

在通常情况下，用主成分分析法处理的主成分在多个原始变量上都不为零，这导致主成分的含义较为模糊，给数据分析带来了一定的难度，而通过稀疏主成分系数，即将大多数系数变成零，就可以将主成分中的主要部分凸显出来，这样主成分就会变得较为容易解释。因此，Zou 等提出一种新的主成分分析法，简称为 sparse-PCA[85]，其基本思想是通过主成分分析与回归的关系将主成分分析问题用回归的方式表述，并在此基础上添加了正则项来获取稀疏荷载。

对预处理后的红外图像序列进行 sparse-PCA 处理，一般按照如图 7-12 所示的流程进行。

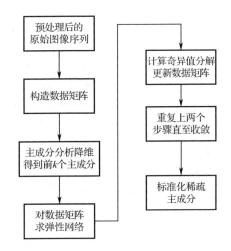

图 7-12　超声红外序列的 sparse-PCA 分析流程

首先，按照图 7-3 所示构造数据矩阵。下面是利用基于最小重构误差（minimum reconstruction error，REM）的 sparse-PCA 算法实现降维的步骤。

（1）截取超声红外图像序列大小为 100 像素×100 像素的感兴趣区域，共 30 帧。按照上述方法，构造一个 n 行 t 列的数据矩阵 $\boldsymbol{X}$，其中 $n = 100 \times 100$，$t = 21$，向量中的元素表示为 $x_{ij} = (i = 1, 2, \cdots, n, j = 1, 2, \cdots, t) \in \boldsymbol{X}$。

（2）进行主成分分析数据降维，得到前 k 个主成分荷载 $\boldsymbol{V}[, 1:k]$。

（3）对于给定的原始数据矩阵 $\boldsymbol{X}$，求以下弹性网络：

$$\beta_j = \arg\min_{\beta}(\alpha_j - \beta) + \lambda\|\beta\|^2 + \lambda_{1,j}\|\beta\|_1 \qquad (7\text{-}16)$$

（4）对求得的 $\boldsymbol{B} = [\beta_1, \cdots, \beta_k]$，计算奇异值分解 $\boldsymbol{X}^{\mathrm{T}}\boldsymbol{X}\boldsymbol{B} = \boldsymbol{U}\boldsymbol{D}\boldsymbol{V}^{\mathrm{T}}$，继而更新 $\boldsymbol{X} = \boldsymbol{U}\boldsymbol{V}^{\mathrm{T}}$。

（5）重复步骤（3）和（4），直至收敛。

（6）标准化稀疏主成分 $\hat{V}_j = \dfrac{\beta_j}{\|\beta_j\|}, j = 1, \cdots, k$ 。

  sparse-PCA 的主成分经过稀疏，将部分像素点压缩为零，实现变量选择，从而提高分析结果的可解释性，得到点图样式的稀疏误差图像，如图 7-13 所示。因为 sparse-PCA 为对数据的稀疏表达，无法直观观测到数据的含义，所以对其进行超声红外数据重构，并将其与原始图像做背景差分，可以得到稀疏主成分差分热成像增强图，再取原始图像序列中信噪比最高的第 19 帧与之进行比较，如图 7-14 所示。

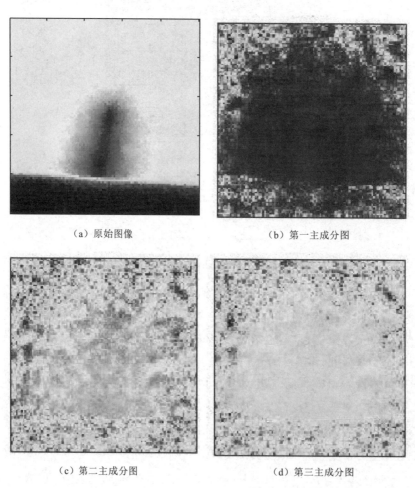

（a）原始图像   （b）第一主成分图

（c）第二主成分图   （d）第三主成分图

图 7-13   sparse-PCA 主成分图

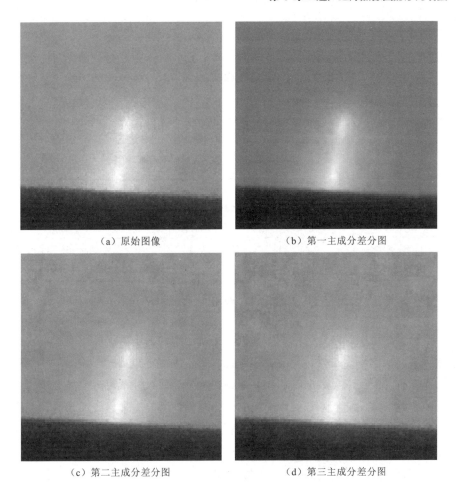

（a）原始图像　　　　　　　　　　（b）第一主成分差分图

（c）第二主成分差分图　　　　　　　（d）第三主成分差分图

图 7-14　sparse-PCA 主成分差分热像图

从定性角度来看，图 7-14（b）第一主成分差分图的视觉效果最好，主要表现在其缺陷区域灰度值较大，非缺陷区域灰度值明显小于原始图像非缺陷区域，证明 sparse-PCA 的第一主成分内容含有较多的噪声与热力不均的因素，在对原始图像进行背景差分后，显著增强了超声红外图像；而图 7-14（c）与（d）灰度值差与原始图像在视觉上没有拉开明显差距，甚至在边缘出现明显的噪点，这证明 sparse-PCA 的第二主成分、第三主成分都不适用于背景差分的图像重构。

对红外热像图增强效果通过信噪比、对比度和图像二维熵这三个指标实现定量评价。表 7-1 为 sparse-PCA 的主成分重构结果对比，图像增强定量评价结果如表中所示，可见第一主成分差分图的信噪比远高于其他图像，整体增强效果最好。其他两个主成分差分图信噪比低于原始图像，未达到降噪增强的效果。所有图像都保持良好的对比度，其中第一主成分差分图对比度略大于原始图像，达到了缺陷增强的效果。而第一主成分差分图的图像二维熵远大于原始图像与其他主成分差分图，证明其很好地保持了图像边缘信息，有效增强了缺陷区域与非缺陷区域的对比，提升了图像质量。

表 7-1 sparse-PCA 的主成分重构结果对比

参　　数	原 始 图 像	第一主成分差分图	第二主成分差分图	第三主成分差分图
信噪比	29.3	49.55	26.21	24.59
对比度	24.87	28.82	25.68	24.53
图像二维熵	79.48	232.46	69.22	60.39

7.1.5 基于 KPCA 的热成像增强算法研究

KPCA 是主成分分析法的另一种常见改进形式，该算法既保留了主成分分析法的线性降维过程，又通过选择合适的核函数对原始数据进行主成分分析降维，可以实现对数据的非线性降维，用于处理线性不可分的数据集，是一种非线性数据处理方法。KPCA 的核心思想是通过一个非线性映射，把原始空间的数据投影到高维特征空间，然后在高维特征空间中完成主成分分析的数据处理，以实现非线性降维。

对预处理后的红外图像序列进行 KPCA 分析，一般按照图 7-15 所示的流程进行。

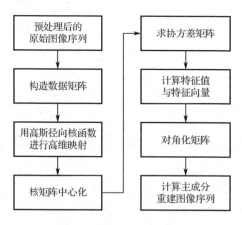

图 7-15 超声红外序列的 KPCA 分析流程

对超声红外序列图进行 KPCA 分析，获得前三个主成分图，如图 7-16 所示。从重构的主成分图可以看出，第一主成分图主要提取了工件非缺陷区域的生热信息，第二主成分图主要提取了缺陷生热区域的信息，第三主成分图主要提取了图像的热扩散区域与非工件区域的信息。

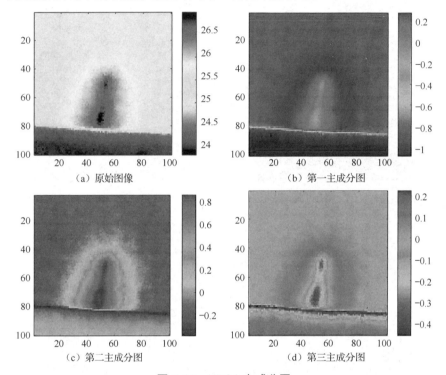

图 7-16　KPCA 主成分图

将其与热成像原始图像进行背景差分处理，得到 KPCA 主成分差分图，KPCA 主成分差分热成像结果对比如图 7-17 所示。图 7-17（b）（c）（d）分别为 KPCA 第一主成分、第二主成分、第三主成分与原始图像的差分图。图 7-17（e）为原始图像分别与 KPCA 第一主成分、第三主成分差分后得到的热成像增强，图 7-17（f）为 sparse-PCA 第一主成分差分图。从定性角度来看，对比图 7-17（b）（c）（d），KPCA 第一主成分差分图的视觉效果较好，主要表现在缺陷区域灰度值较大，非缺陷区域灰度值明显小于原始图像非缺陷区域。该差分图显著增强了超声红外图像。图 7-17（c）为 KPCA 第二主成分差分图，减少了缺陷区域与非缺陷区域的对比，并未增强超声红外图像。图 7-17（d）为 KPCA 第三主成分差分图，显著缩小了热扩散区域，但没有提高缺陷区域与非缺陷区域的对比。图 7-17（e）为 KPCA 第一主成分、第三主成分差分图，既保留了第一主成分的对比度，又缩小了缺陷生热边缘，图像增强效果显著。图 7-17（f）为 sparse-PCA 第一主成分差分图。相较之下，KPCA 增强效果好于 sparse-PCA。

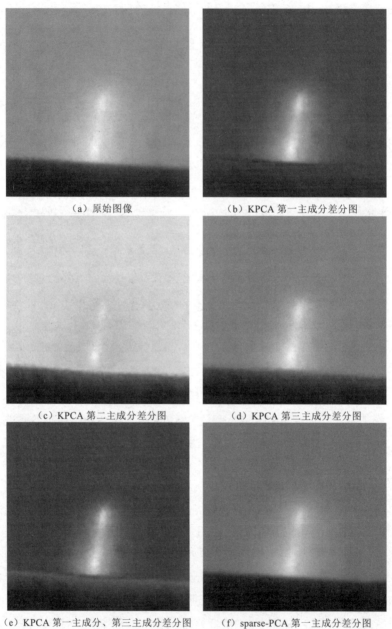

（a）原始图像   （b）KPCA 第一主成分差分图

（c）KPCA 第二主成分差分图   （d）KPCA 第三主成分差分图

（e）KPCA 第一主成分、第三主成分差分图 （f）sparse-PCA 第一主成分差分图

图 7-17 KPCA 主成分差分热成像结果对比

表 7-2 为 KPCA 主成分重构结果对比，可见 KPCA 第一主成分差分图与第三主成分差分图的信噪比远高于其他图像，差分后图像整体增强效果均较为理想。KPCA 第一主成分差分图的对比度为 74.25，远高于其他差分图，所以该差分图对缺陷区域的增强效果最好。KPCA 第三主成分差分图的图像二维熵为 220.19，远高于其他主成分差分图，证明第三主成分差分图缺陷边缘显著增强。KPCA 第一主成分、第三主成分差分图作为两个主成分的混合差分图，增强效果兼顾高对比度与高边缘清晰度，在信噪比方面相较 KPCA 第一主成分差分图、第三主成分差分图更胜一筹，较好地提升了图像质量。与 sparse-PCA 第一主成分差分图相比，KPCA 第一主成分、第三主成分差分图在信噪比和对比度这两个指标上的优势明显，虽然在图像二维熵指标上略微逊色，但总体来说，KPCA 第一主成分、第三主成分差分图明显提升了图像质量，对超声红外热成像增强效果更好。

表 7-2　KPCA 主成分重构结果对比

参　数	信　噪　比	对　比　度	图像二维熵
原始图像	29.3	24.87	79.48
KPCA 第一主成分差分图	52.94	74.25	80.33
KPCA 第二主成分差分图	1.41	19.74	129.12
KPCA 第三主成分差分图	59.82	29.09	220.19
KPCA 第一主成分、第三主成分差分图	84.91	75.27	216.84
sparse-PCA 第一主成分差分图	49.55	28.82	232.46

7.2　基于小波变换的红外热像图序列增强

除了利用主成分分析提取脉冲激励下热像图序列的有用主成分，从时域达到增强缺陷信息的效果，还有一种方法是先通过快速傅里叶变换、小波变换等频谱分析方法计算出在锁相激励下热像图序列的幅值和相位信息，从频域实现对缺陷信息的增强。本节仅对裂纹热信号频谱分析及其增强原理做简要介绍，针对超声红外锁相热成像技术的裂纹定量评估研究将在第 9 章进行详细讨论。

7.2.1 裂纹热信号频谱分析

1. 调制频率与探测深度的关系

在超声红外锁相热成像技术中，热波探测深度 μ 与热波频率 ω 之间的关系如下式所示[7]：

$$\mu = \sqrt{\frac{2\alpha}{\omega}} \tag{7-17}$$

式中，热波频率 ω 与调制频率 f 之间的关系是 $\omega = 2\pi f$，而热扩散系数 $\alpha = \dfrac{k}{\rho c}$，$k$ 表示热传导率，ρ 表示密度，c 表示比热容。

以 45 号钢材为例，图 7-18 所示为 45 号钢材热探测深度与调制频率之间的定量关系曲线。从图中可以看出，随着调制频率的增大，热波探测深度逐渐变小，在调制频率 $f = 5$ Hz 时，探测深度已经降到 0.9269 mm。因此，在实际检测中，我们应该更加关心低频段的调制频率。

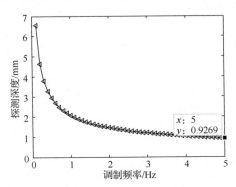

图 7-18　45 号钢材热波探测深度与调制频率之间的定量关系曲线

2. 幅值差和相位差

超声红外锁相热成像技术的优势之一就是利用红外热像图的相位信息来识别缺陷。为了进一步了解裂纹区域节点热信号的频谱特性，选择图 7-19 所示正常区域节点 A 和裂纹中心节点 C，利用傅里叶变换对其热信号进行相位变换，求取幅值和相位，进而得到两者的幅值差和相位差，如图 7-20 所示。从图中可以看出，除 0 Hz 外，调制频率 1 Hz 对应的幅值差和相位差均为最大值。

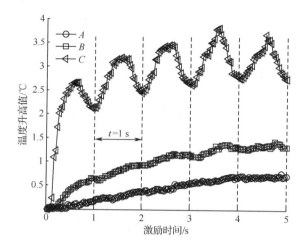

图 7-19　节点温度随激励时间变化的曲线

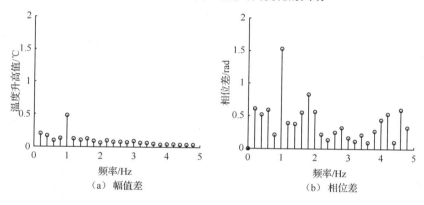

（a）幅值差　　　　　　　　　　　（b）相位差

图 7-20　节点 A 和 C 的温度信号低频段频谱

3．检测条件对频谱的影响

选择上述分析得到的幅值差和相位差，将其作为响应值，进一步改变检测条件，探索不同的检测条件对裂纹热信号频谱的影响规律。这里主要研究预紧力和调制频率两个条件。

（1）预紧力对频谱的影响。

在实验前，首先需要设置不同的检测条件。将激励强度设为 25%，调制频率保持为 0.2 Hz、0.4 Hz 和 1 Hz，而预紧力在 8～32 kgf 范围内调节。

在上述检测条件下进行裂纹检测的实验研究，改变预紧力取值，获取多组裂纹热信号，通过进一步计算得到其幅值差和相位差，同时对数据进行拟合，结果如图 7-21 所示。从图中可以看出，保持调制频率不变，随着预紧力增大，幅值差逐渐增加，而相位差逐渐降低。

需要注意的是，如图 7-21（a）所示，幅值差随预紧力的增加而增加，但并不是预紧力越大越好。从前面的分析可知，由于系统自身限制，当预紧力过大时，会使工具杆前端和试件紧紧贴在一起而无法振动，即出现锁死现象，将会引起报警事件的发生。因此，在实际检测时，选择恰当的预紧力可以有效地避免报警事件的发生。

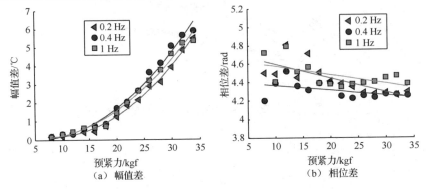

（a）幅值差　　　　　　　　（b）相位差

图 7-21　预紧力对频谱的影响

（2）调制频率对频谱的影响。

根据对预紧力对频谱影响的分析，对检测条件取值进行初始化，激励强度为 25%，预紧力分别保持 5 kgf、10 kgf 和 20kgf，调制频率的取值范围是 0.4～3.2 Hz，进而提取不同调制频率对应的热信号幅值差和相位差，其结果如图 7-22 所示。从图中可以看出，随着调制频率的增加，幅值差呈现出逐渐降低的趋势，而且线性拟合结果表明，预紧力越大，幅值差降低的趋势越明显（直线斜率越小），相位差随调制频率也进一步呈现出逐渐降低的趋势，但变化并不是线性关系，而是二次甚至多次关系。

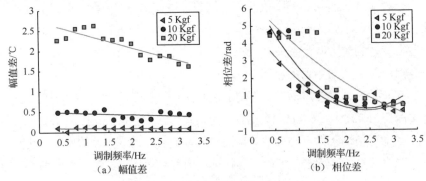

（a）幅值差　　　　　　　　（b）相位差

图 7-22　调制频率对频谱的影响

7.2.2　小波变换理论基础

从前面的分析可以得出，裂纹热信号的频谱中包含大量低频成分。而且，在实际检测过程中，由于环境干扰、检测系统精度、人为误差等因素产生的噪声，降低了红外热像图的缺陷对比度，需要采用降噪方法进行处理。小波变换具有多尺度性，在处理信号时可以使低频段具有高频率分辨率，而高频段具有高时间分辨率，大大提高了对信号自适应的敏感性[8]。因此，将小波变换引入对红外热像图序列的增强处理之中，可以有效消除噪声的干扰，还可以去除原始热信号的低频分量，最终辅助提高缺陷的检出能力。

1．小波变换

1974 年，法国工程师 J. Morlet 提出了一种新的变换分析方法，即小波变换（wavelet transform，WT）。之后 40 余年，小波变换在应用数学和工程科学领域被广泛应用。它继承和发展了短时傅里叶变换（STFT）时频局部化的思想，在时频两域都有表征信号局部特征的能力，是一种窗口大小固定而形状可以改变，时间窗和频率窗都可以改变的时频分析方法。

（1）连续小波变换。

设 $\psi(t) \in L^2(R)$，其傅里叶变换为 $\psi(\omega)$，$\psi(\omega)$ 满足允许条件：

$$C_\psi = \int_R \frac{|\psi(\omega)|^2}{|\omega|} \mathrm{d}\omega < \infty \tag{7-18}$$

式中，C_ψ 为小波函数的系数，$\psi(t)$ 称为母小波，将其经过伸缩和平移后可得小波序列 $\psi_{a,b}(t)$ 如下：

$$\psi_{a,b}(t) = \frac{1}{\sqrt{|a|}} \psi\left(\frac{t-b}{a}\right) \quad a, b \in R; a \neq 0 \tag{7-19}$$

式中，a 为缩放因子，对应频率信息；b 为平移因子，对应时空信息，在红外图像中体现时间信息。

对于函数 $f(t) \in L^2(R)$，其连续小波变换为

$$W_f(a,b) = \frac{1}{\sqrt{|a|}} \int_R f(t) \overline{\psi\left(\frac{t-b}{a}\right)} \mathrm{d}t \tag{7-20}$$

式中，$W_f(a,b)$ 表示小波系数，而小波逆变换，即重构，可以表示为

$$f(t) = \frac{1}{C_\psi} \int_{-\infty}^{\infty} \int_{-\infty}^{\infty} \frac{1}{a^2} W_f(a,b) \psi\left(\frac{t-b}{a}\right) \mathrm{d}a \mathrm{d}b \tag{7-21}$$

（2）离散小波变换。

在实际应用中，需要把连续小波及其变换离散化。将缩放因子 a 和平移因子 b 进行离散化，分别表示为 $a = a_0^j$ 和 $b = ka_0^j b_0$，时间变量 t 不变。因此，连续小波的离散小波函数为 $\psi_{j,k}(t)$：

$$\psi_{j,k}(t) = a_0^{-j/2} \psi\left(\frac{t - ka_0^j b_0}{a_0^j}\right) = a_0^{-j/2} \psi(a_0^{-j} t - kb_0) \tag{7-22}$$

从上式可以看出，a_0 和 b_0 越小，信号重构精度越高。而离散化的小波系数表示为

$$C_{i,j} = \int_{-\infty}^{\infty} f(t) \psi_{j,k}^{\circ}(t) \mathrm{d}t \tag{7-23}$$

进一步，离散化的小波逆变换为

$$f(t) = c \sum_{j=-\infty}^{\infty} \sum_{k=-\infty}^{\infty} c_{j,k} \psi_{j,k}(t) \tag{7-24}$$

式中，c 为常数。

2. 小波阈值降噪

（1）基本原理。

小波降噪包含三大经典算法，分别是模极大值降噪、系数相关性降噪，以及小波阈值降噪[8]。这里选择小波阈值降噪法，其基本原理是：先设定一个阈值，当小波系数大于阈值时，认为是信号，小波系数予以保留；反之认为是噪声，将小波系数全部置零，然后将小波系数进行逆变换，得到降噪后的信号。

（2）阈值函数选择。

阈值函数用来修正小波系数，常用的阈值函数有两种，一种是硬阈值函数，另一种是软阈值函数，如图 7-23 所示。假设 W 是小波系数，W_T 是阈值处理后的小波系数，而 T 是阈值。

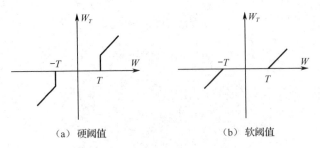

（a）硬阈值　　　　　　（b）软阈值

图 7-23　两种阈值函数示意图

① 硬阈值函数。

当小波系数的绝对值小于阈值时，将其置零；当小波系数的绝对值大于或等于阈值时，保持不变；即

$$W_T = \begin{cases} W & |W| \geq T \\ 0 & |W| < T \end{cases} \qquad (7\text{-}25)$$

② 软阈值函数。

当小波系数的绝对值小于阈值时，将其置零；当小波系数的绝对值大于或等于阈值时，均将其减去阈值；即

$$W_T = \begin{cases} \text{sign}(W)(|W| - T) & |W| \geq T \\ 0 & |W| < T \end{cases} \qquad (7\text{-}26)$$

式中，sign() 为符号函数。

（3）阈值选择。

阈值选择是阈值降噪方法的关键步骤。如果阈值选择过大，就可能删除掉很多信号的重要信息；如果阈值设置过小，则降噪效果无法得到保证。下面介绍几种经典的阈值选择方法[9]。

① VisuShrink 阈值。

通用统一阈值（简称"DJ 阈值"），由 Donoho 和 Johnstone 首先提出。其阈值 T 的计算公式为

$$T = \sigma_n \sqrt{2\ln N} \qquad (7\text{-}27)$$

式中，σ_n 表示噪声的标准差，而 N 是信号的长度。

② SureShrink 阈值。

该阈值也称为 Stein 无偏风险阈值，是针对软阈值函数，基于 Stein 的无偏似然估计准则的自适应阈值选择方法。下面是 SureShrink 阈值的具体计算过程。

第一步，已知信号的长度为 N。

第二步，求解某层小波系数的平方值，将这些值按大小排列，得到 $X = [x_1, x_2, \cdots, x_N]$。

第三步，计算风险向量 $\boldsymbol{R} = [r_1, r_2, \cdots, r_N]$，其中 $r_i = \dfrac{N - 2i + (N-i)x_i + \sum\limits_{k=1}^{i} x_k}{N}$。

第四步，找出 $\boldsymbol{R}$ 中最小元素，记为 r_M，其对应的小波系数平方值为 x_M。

第五步，计算 SureShrink 阈值：

$$T = \sigma_n (x_M)^{\frac{1}{2}} \tag{7-28}$$

式中，σ_n 表示噪声的标准差。

③ HeurSure 阈值。

HeurSure 阈值是 VisuShrink 阈值和 SureShrink 阈值的结合，是通过对变量进行最优预测得到的。下面是该阈值的求解过程。

第一步，分别求出 VisuShrink 阈值 $T_V = \sigma_n \sqrt{2\ln N}$ 和 SureShrink 阈值 $T_S = \sigma_n (x_M)^{\frac{1}{2}}$。

第二步，求出 $\eta = \dfrac{\left[\displaystyle\sum_{k=1}^{N} x^2\right] - N}{N}$ 和 $\mu = \dfrac{(\log_2 N)^{3/2}}{N^{1/2}}$。

第三步，计算 HeurSure 阈值：

$$T = \begin{cases} T_V & \eta < \mu \\ \min(T_V, T_s) & \eta \geqslant \mu \end{cases} \tag{7-29}$$

④ MiniMaxi 阈值。

MiniMaxi 阈值是一种固定阈值。阈值 T 可以表示为

$$T = \begin{cases} \sigma_n (0.3936 + 0.1829\log_2 n) & n > 32 \\ 0 & n \leqslant 32 \end{cases} \tag{7-30}$$

式中，σ_n 表示噪声的标准差，而 n 表示小波系数的数量。

3. 定量化评估

在红外图像中，信噪比是评价图像质量最常用的指标之一[10]。定义红外图像的温度或者相位的信噪比（SNR）为

$$\text{SNR} = \frac{|T_c - T_n|}{\sigma_n} \tag{7-31}$$

式中，T_c 表示裂纹区域像素点对应温度（相位）的均值；T_n 表示非缺陷区域像素点对应温度（相位）的均值；σ_n 表示非缺陷区域像素点对应温度（相位）的均方差。

7.2.3 处理结果与分析

1. 算法流程

基于小波变换的红外热像图序列增强方法流程如图 7-24 所示，从图中可以看出，该算法的流程包括图像预处理、小波降噪和相位变换三部分。

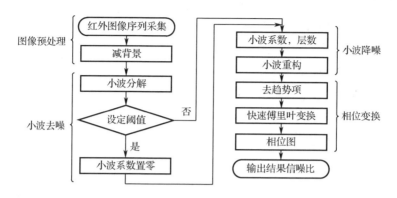

图 7-24　基于小波变换的红外图像序列增强方法流程

（1）图像预处理。

图像预处理主要是为了消除环境噪声、仪器设备系统自身误差的影响，这里的图像预处理是进行减背景操作。选择初始帧为背景图像，而图像序列中的任意帧为目标图像，用目标图像减去背景图像得到的就是减背景后的图像。图 7-25 为红外图像序列第 4 帧（0.13 s）原始图像和减背景图像。对比图 7-25（a）和（b），可以看出，减背景可以有效消除环境噪声和系统噪声，图像中裂纹区域的对比度更高，裂纹更容易被识别。此外，根据式 7-31 计算出减背景后图像的信噪比，定量评价预处理效果。

（a）原始图像　　　　　　　　　（b）减背景图

图 7-25　红外图像序列第 4 帧原始图像和减背景图像

（2）小波降噪。

小波降噪分为小波分解、阈值处理、小波重构三个步骤。

① 小波分解。

对含噪声信号做小波分析处理，这里选择的小波基函数为 "sym8"，分解层数为三层，分解得到三层近似分量（低频系数）和三层细节分量（高频系数）。

② 阈值处理。

对小波系数的细节分量进行阈值处理，阈值选择 VisuShrink 阈值，

$T = \sigma_n \sqrt{2\ln N}$。

③ 小波重构。

进行小波重构时，一方面将全部细节分量按硬阈值处理，另一方面用所有的近似和细节分量重构出原始红外图像序列。

（3）相位变换。

无论是图像预处理还是小波降噪，都是从温度的角度增强图像缺陷的对比度。下面进行相位变换处理。

首先，计算减背景、小波降噪等温度增强的图像信噪比。

其次，对各个阶段的温度信号进行去除趋势项处理。

再次，进行快速傅里叶变换操作，得到红外图像序列的相位图。

最后，计算相位图像的信噪比，对比分析相位增强与温度增强的效果。

2. 红外热像图采集

为了研究微小裂纹的红外热像图增强方法，选取一个包含疲劳裂纹的试件，裂纹长度为 1707.41 μm，试件实物和结构如图 7-26 所示。在实验中，检测条件分别设置为激励时间 5 s、预紧力 15 kgf、调制频率 1 Hz、激励强度 20%，经过多次实验，获取红外热像图序列数据集。

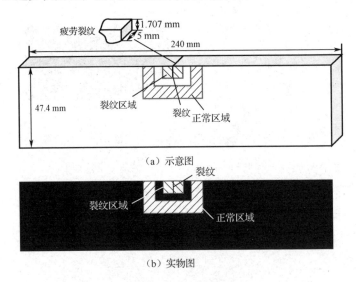

（a）示意图

（b）实物图

图 7-26　试件实物和结构

图 7-27 为试件裂纹区域温度分布情况，显示了激励时间 0.6 s 时（第 18

帧），裂纹区域温度分布图与减背景后的图像。从图中可以看出，通过观察裂纹区域温度升高情况很难直接识别出裂纹，而且经过减背景预处理的图像效果也没有得到明显改善，说明裂纹区域的热信号非常微弱。正如前面提到的问题，对于微弱信号的检测，考虑对红外热像图进行增强处理，处理方法包括温度增强和相位增强。

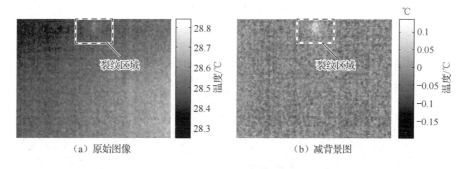

（a）原始图像　　　　　　　　　　　　（b）减背景图

图 7-27　试件裂纹区域温度分布情况

3. 增强结果分析

为了直观描述算法增强效果，引入定量化分析指标——信噪比增长率 R，其表达式如下：

$$R = \frac{|SNR_d - SNR_o|}{SNR_o} \times 100\% \qquad （7-32）$$

式中，SNR_d 表示降噪后图像的信噪比，而 SNR_o 表示原始图像的信噪比。

（1）温度增强。

图 7-28 和图 7-29 为将红外图像增强后的结果。从图中可以看出，通过直接定性观察，图像增强效果似乎并不明显。然而，与原始图像相比，定量化的图像信噪比增大明显，而且基于小波阈值降噪方法的增强效果更好。对于第 18 帧红外图像，其原始图像、减背景与小波降噪后的温度信噪比分别为 0.6010、1.4164 和 1.6244，而减背景和小波降噪后的温度信噪比增长率为 135.67% 和 170.28%，定量结果更加直接说明了小波降噪的有效性。第 47 帧图像信噪比依次为 0.8875、1.6949 和 1.8055，信噪比增长率为 90.97% 和 110.34%，说明减背景和小波降噪增强处理在激励开始阶段的效果更明显；随着激励时间的推移，增强效果减弱。结果表明，小波降噪确实可以有效提高红外热像图序列的缺陷对比度，研究成果有助于对被测缺陷，特别是对微小缺陷的有效识别。

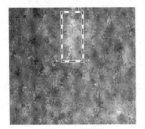 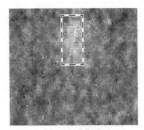 

（a）原始图像　　　　　　　（b）减背景　　　　　　　（c）小波降噪
SNR=0.6010　　　　　　　SNR=1.4164　　　　　　　SNR=1.6244

图 7-28　第 18 帧红外图像增强结果

（a）原始图像　　　　　　　（b）减背景　　　　　　　（c）小波降噪
SNR=0.8875　　　　　　　SNR=1.6949　　　　　　　SNR=1.8055

图 7-29　第 47 帧红外图像增强结果

（2）相位增强。

除了从温度变化的角度出发，对于调制超声激励下的红外图像序列，还可以从相位变化的角度对图像进行增强对比度的处理，如图 7-30 和图 7-31 所示。从图中可以看出，原始图像和减背景后的图像相位信噪比没有发生变化，说明减背景处理对于红外图像的相位并无影响，而小波降噪可以提高图像序列的相位信噪比。图 7-30 中小波降噪的信噪比和增长率分别为 0.1843 和 4.84%，而图 7-31 中小波降噪的信噪比和增长率分别为 0.2255 和 3.87%，说明低频率对应的相位增强效果更好。此外，与图 7-28 和图 7-29 对比发现，温度增强方法比相位增强方法的效果更明显。

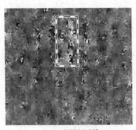 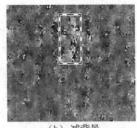 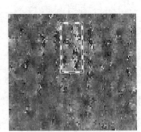

（a）原始图像　　　　　　　（b）减背景　　　　　　　（c）小波降噪
SNR=0.1758　　　　　　　SNR=0.1758　　　　　　　SNR=0.1843

图 7-30　0.8 Hz 相位增强结果

 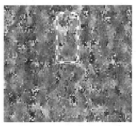 

（a）原始图像　　　　　　（b）减背景　　　　　　（c）小波降噪
SNR=0.2171　　　　　　　SNR=0.2171　　　　　　SNR=0.2255

图 7-31　1.8 Hz 相位增强结果

7.3　本章小结

　　本章针对超声红外热像图的序列增强，重点讨论了主成分分析和小波变换两种方法。对于基于主成分分析的序列增强方法，首先引入传统主成分分析基本原理和实验处理结果，并进一步分析了两种经过改进的主成分分析方法，即 sparse-PCA 和 KPCA，并对比了两种方法针对红外图像序列的增强效果。对于基于小波变换的序列增强方法，先利用频谱分析得到了调制频率与探测深度的关系，然后利用小波变换理论，从频域实现了对红外图像序列的增强。

参考文献

[1] 何晓群. 多元统计分析[M]. 3 版. 北京：中国人民大学出版社，2012.

[2] 何亮. 主成分分析在 SPSS 中的应用[J]. 山西农业大学学报（社会科学版），2006, 6(5): 20-22.

[3] 李赫，樊新海，王战军，等. 主分量分析方法及其在信号降噪中的应用[J]. 国外电子测量技术，2010, 29(12): 70-72, 84.

[4] 郭兴旺，高功臣，吕珍霞. 主分量分析法在红外数字图像序列处理中的应用[J]. 红外技术，2006, 28(6): 311-314.

[5] 郭兴旺，邵威，郭广平，等. 红外无损检测加热不均时的图像处理方法[J]. 北京航空航天大学学报，2005, 31(11): 1204-1207.

[6] 郭兴旺，其达拉图. 铝试件脉冲红外热无损检测的主分量分析[J]. 北京航空航天大学学报，2009, 35(11): 1393-1397.

[7] SWIDERSKI W. Lock-in thermography to rapid evaluation of destruction

area in composite materials used in military applications[C]. Proceeding of SPIE, 2003, 5132:506-517.

[8] 孙莉莉. 基于小波变换的红外图像降噪算法研究[D]. 哈尔滨：哈尔滨理工大学，2012.

[9] 刘慧. 基于小波变换的图像降噪研究[D]. 长沙：湖南师范大学，2012.

[10] SUN M X, WANG D W, XU G Y. Initial shift problem and its ILC solution for nonlinear systems with higher relative degree[C]. Proceeding of the American Control Conference, Chicago:2000, 227-281.

第 8 章

超声红外热成像的缺陷特征提取与识别

随着激励设备技术指标的不断改善与激励方式的不断增多、红外热成像仪性能的不断提高，特别是红外焦平面阵列在热成像仪中的广泛应用及快速发展，红外热成像技术在检测成功率、检测快速化、检测精确性等方面突飞猛进。然而，红外图像处理一般是将原有的或较弱的亮区进行增强，而对不同类型的生热区域的判别无能为力。因此，通过相应算法判断缺陷类型成为提高缺陷检测效率与准确性的有效措施。

本章以传统脉冲相位法和神经网络分析法为基础，结合相位值分布与热扩散能力，通过对裂纹、漆斑、标签、试件固定位置等生热区域的特征进行提取，为缺陷的判断和区分提供指导。

8.1 基于脉冲相位与热扩散的缺陷特征提取

8.1.1 脉冲相位法的基本原理

按照激励方式的不同，红外热成像技术可分为脉冲热成像技术和调制热成像技术，使用这两种技术的方法为脉冲热成像（pulse thermography，PT）和调制热成像（modulated thermography，MT）。脉冲热成像法对加热的均匀性要求高，调制热成像法激励的时间长，它们对实际检测的指导意义不强，而脉冲相位热成像（pulsed phase thermography，PPT）法有效结合了脉冲热成像法与调制热成像法的优点，弥补了它们的不足。本节对上述几种方法进行简要介绍。

1. 脉冲热成像法

脉冲热成像法是将一个脉冲能量注入被测对象，激励方式可以是闪光灯、激光束、热空气、超声振动等，从而引起被测对象缺陷部位产生较其他部位热或冷的温度差异。表层缺陷可以通过表面温度场直接探测；深层缺陷生热，通过热传导将热量传播到表面，使表面温度场发生变化，可以被红外热成像仪探测到。脉冲激励时间依据被测对象的材料、厚度、热传导性能而定，可以由表面温度上升或下降的过程分析试件情况。为便于检测，一般将激励设备与温度场采集设备布置在试件两侧。通过分析全过程的温度变化信息与峰值信息，依据热传导相关知识，实现一定程度的定量分析。对亚表面缺陷而言，热量传播时间 t 与缺陷深度 z 之间存在以下关系：

$$t = \frac{z^2}{\alpha} \tag{8-1}$$

式中，α 表示材料的热扩散系数，$\alpha = \lambda/\rho c$，λ 表示热传导系数，ρ 表示密度，c 表示比热容。

脉冲热成像法的主要优势在于操作的方便性与过程的快捷化。由于激励方式为脉冲激励，作用时间短，而且红外热成像仪可以快速实现对试件超声振动可达范围内大面积温度信息的采集，故脉冲热成像法实施过程快，操作时间短，将更多的时间用于对图像序列的观察。根据激励方式的不同与缺陷的埋藏深浅，观察时间也不尽相同。

脉冲热成像法的不足在于对热量对比度 $c(t)$ 的计算，需要事先知道一个非缺陷区域来计算温度差异。热量对比度 $c(t)$ 定义为[1]

$$c(t) = \frac{T_i(t) - T_i(t_0)}{T_s(t) - T_s(t_0)} \tag{8-2}$$

式中，下标 i 代指可能的缺陷区域，可以是图像中的任意像素点，s 表示非缺陷区域。$c(t)$ 是同时将待计算区域与非缺陷区域减去激励前 t_0 时刻的温度分布，消除周围环境的影响，并以非缺陷区域的响应为基准对待计算区域做标准化得到的。显然，作为时间的函数，$c(t)$ 在 t_{max} 时刻达到最大值 c_{max}，c_{max} 可作为脉冲热成像法对不同区域比较判断的依据。

2. 调制热成像法

调制热成像法也称为锁相热成像法，该方法通过为被测对象注入已经过调制的激励信号而得名。与此相对应，试件对调制激励产生的热信号响应也与输入信号的频率一致。

在采用调制信号激励试件的过程中，红外热成像仪同步记录试件表面温度场的变化情况。随着激励信号的周期变化，每个像素点也呈现出周期变化的特征，可以从中得到基于调制频率的响应信号的幅值和相位。幅值与环境、试件的表面状况等因素有关，而相位则与热量传播时间的延迟相关，不受环境与表面状况的影响。由于材料对热波的高阻尼，对深度信息的确定只能维持在表面与亚表面范围，但基于相位信息的缺陷可检测深度可达到基于幅值信息的缺陷可检测深度的 2 倍[2]。

调制热成像法与脉冲热成像法的主要区别在于以下几点。

（1）更好的深度对比度。根据调制频率的高低，对应可检测缺陷的深度，高频率对应更邻近表面的区域。

（2）对试件表面状态不敏感。响应信号的相位仅与热量传播延迟有关，表面状态一般只影响信号的幅值。

（3）对试件设备要求高。由于需要提供调制信号对待测件进行激励，而且同步记录信息，增加了设备的复杂程度，对实验的实施产生了一定的困难。

（4）温度信号获取时间长。调制激励需要相对较长的时间才能将周期信号注入被测对象，而且温度场采集过程同步进行。

3．脉冲相位法

脉冲相位法采用脉冲热成像法激励试件的方式，能够快速完成实验操作，同时参考调制热成像法中相位信息更好地反映缺陷的特点，对脉冲响应信号进行相位提取，以达到辨识缺陷位置、大小和深度的处理目的[3]。

理想的狄拉克脉冲在频率域表现为常数 1，包含所有频率分量。从这个意义上说，调制热成像法采用单一频率检测，而脉冲热成像法瞬时完成对所有频率的同步检测。然而，理想的狄拉克脉冲并不存在，一般采用矩形脉冲代替，故注入试件的各个频率的分量是不等幅的，其频谱的频率范围非常广。对于一个宽度为 τ、幅值为 A、以时间 $t=0$ 为中心的矩形脉冲来说，其频率分布遵循 $A\tau \sin(\pi f\tau)/\pi f\tau$，$f$ 表示频率变量。因此，可以通过整理脉冲热成像法中的频率信息，提取多个频率点上的相位信息，这样就充分结合了脉冲热成像法与调制热成像法的优点。

在超声红外热成像中，裂纹缺陷的生热主要是由于在超声激励下裂纹的摩擦，故可将裂纹区域视为一个理想的狄拉克热源，或者矩形脉冲热源。热扩散长度与热波频率之间存在以下关系[3]：

$$d = \sqrt{\alpha/\pi f} \qquad (8\text{-}3)$$

式中，f 表示热波频率。从该式可以看出，缺陷的深度与热波频率成反比，即越深的缺陷对应的响应频率越低，反之，越靠近表层的缺陷对应的响应频率越高。

脉冲相位法是将热成像中每个像素点(x_i, y_j)的温度-时间信号 $f_{x_i,y_j}(t)$ 按下式进行傅里叶变换：

$$F_{x_i,y_j}(j\Omega) = \int_{-\infty}^{\infty} f_{x_i,y_j}(t)e^{-j\Omega t}dt \qquad (8\text{-}4)$$

然后，进行频谱分析[3]。然而，热成像仪只能采集到被测对象表面温度信号的有限离散时间序列：

$$f_{x_i,y_j}(n), n = 0,1,2,\cdots,N-1 \qquad (8\text{-}5)$$

该信号是由红外热成像仪对试件表面的瞬态温度场 $f_{x_i,y_j}(t)$ 进行截断、采样和量化得到的[3]。由于 $f_{x_i,y_j}(t)$ 是连续的非周期信号，故可用 $f_{x_i,y_j}(n)$ 按照下式进行离散傅里叶变换来逼近 $f_{x_i,y_j}(t)$ 的频谱：

$$F(j\Omega)\big|_{\Omega=k\Omega_0} = F(jk\Omega_0) \approx T \times F_{\text{DFT}}[f_{x_i,y_j}(n)] \qquad (8\text{-}6)$$

式中，n 为时域离散值的序列号；k 为频域离散值的序列号；T 为相邻两帧红外图像的时间间隔；$\Omega_0 = 2\pi f_0$，为角频率抽样间隔；f_0 为频率抽样间隔；F_{DFT} 为离散傅里叶变换。$F(jk\Omega_0)$ 可以写成：

$$F(jk\Omega_0) = R(k) + jI(k) \qquad (8\text{-}7)$$

温度信号的幅值谱和相位谱可以通过以下式子得到：

$$|F(k)| = \sqrt{I^2(k) + R^2(k)} \qquad (8\text{-}8)$$

$$\Phi(k) = \arctan\left(\frac{I(k)}{R(k)}\right) \qquad (8\text{-}9)$$

将热像图中每个像素点对应的温度-时间信号都做以上处理，由每个点的温度-时间信号在不同频率下的幅值或相位构成相应的幅值图像或相位图像，就可以得到不同频率下的幅值图像序列和相位图序列。一般来说，某个缺陷的信噪比最高的相位图对应的频率即该缺陷的响应频率，相位信息能够体现缺陷的深度，不同深度缺陷的响应频率不同。

8.1.2 脉冲相位法用于图像序列处理

制作一个铝合金平板，尺寸为 200 mm×100 mm×4 mm，在其一侧长边中间位置存在裂纹，在平板其中一面喷涂黑漆，以提高表面发射率。因为喷涂过程无法完全控制，所以出现了喷涂不良而造成的漆斑，在平板两面非相对位置粘贴标签 1（正面）和标签 2（背面），模拟某些设备表面存在的标明出厂时间和单位的标签。通过夹持两个短边的方式将试件固定在实验台上，将喷漆面朝向热成像仪，超声枪与热成像仪布置在试件两侧，超声激励位置在试件右下角。因为试件较长，所以激励位置未显示在图像中。图 8-1 为原始图像，图 8-2 为减背景后图像。从图中可以看出平板上多处位置出现发亮区域，它们分别对应裂纹、标签、漆斑、试件固定位置等区域的生热。其中，裂纹、漆斑 1、漆斑 2、标签 1 在热成像仪一侧，属于表面缺陷；而标签 2 在超声枪一侧，对热成像仪采集而言，属于深层缺陷生热；试件固定位置的生热主要由试件与固定装置的接触-碰撞产生，试件两侧均有生热。因此，直接通过热异常信号来判断缺陷存在一定的困难。

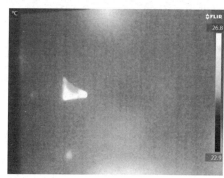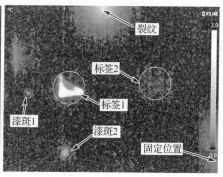

图 8-1　原始图像　　　　　　图 8-2　减背景后图像

由式（8-3）可知，缺陷越深，其对应的响应频率越低，即在高频情况下仍然能够观察到表层缺陷，而深层缺陷只能在低频看到。因此，通过傅里叶变换得到的基于频率的相位图序列，可以用于区分深层与表层缺陷生热。图 8-3 为处理后得到的在不同频率下的相位图序列。

所有的热异常信号在低频时都能看到，如裂纹、标签、漆斑、试件固定位置生热。但是，随着频率增加，深层的标签 2 热异常信号逐渐模糊并最终消失；其他表层信号也逐渐模糊，但仍然可以辨认，可以通过图中的选定位置对比观察，即通过不同频率下的相位图可以区分表层、深层缺陷生热，并能够为缺陷深度定量研究提供依据。

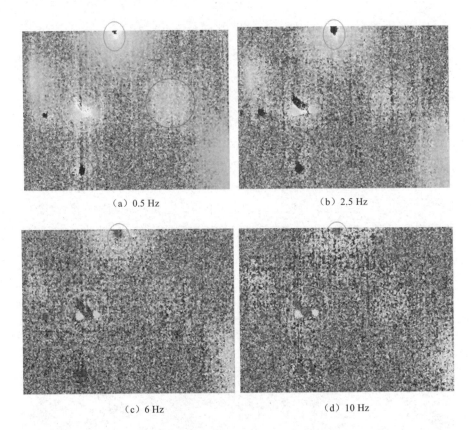

图 8-3 处理后得到的在不同频率下的相位图序列

  然而，热超声图像情况复杂，相位图序列中干扰信号多、噪声大，图像质量没有明显提高，而且对表层生热无法辨别。

8.1.3 基于相位信息的缺陷特征提取

  为消除热量扩散造成的模糊与缺陷定位不准的问题，我们利用温度信号相位值的分布情况，提出缺陷特征提取方法。

1. 相位值分布规律

  红外图像与选取区域如图 8-4 所示，对应关系为：①裂纹；②漆斑 1；③漆斑 2；④标签 1；⑤标签 2；⑥试件固定位置 1；⑦试件固定位置 2；⑧非缺陷区域。

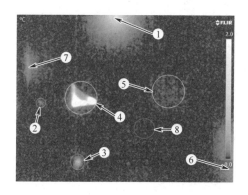

图 8-4　红外图像与选取区域

标签 1 生热量非常大，其区域温度均值最高达 2℃，其他区域温度均值最大值不到 0.5℃，标签 1 之外其他曲线聚集在底层狭窄的区域中，影响对这些区域温度均值曲线的观察和区分，所以将标签 1 区域温度均值随时间变化的曲线单独列出，如图 8-5 所示，其他区域温度均值随时间变化的曲线如图 8-6 所示。

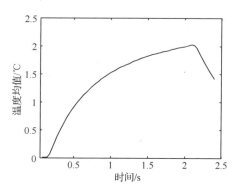

图 8-5　标签 1 区域温度均值随时间变化的曲线

从各个选定区域温度均值的变化曲线可知，温度升高值相差较大，除区域 8 可以看作噪声波动外，其他区域"基本"符合缺陷判断标准（部分热量由未显示在图像中热源的热扩散产生，还没有出现温度值下降的现象，漆斑 1、漆斑 2 在 0.5 s 后即达到稳定状态），属于不同类型的生热。区域 4（即标签 1）的温度升高值明显高于其他区域，该区域是正面的标签区域，生热主要由胶层与其上的标签振动产生，粘连面积大，故生热量大，温度升高明显。区域 1、区域 2、区域 3、区域 5、区域 6、区域 7，即裂纹、漆斑 1、漆斑 2、标签 2、试件固定位置 1、试件固定位置 2，也有不同程度的生热，但生热量相对较小，不能区分具体类型。尤其是区域 5，其温度升高值曲线与区域 8 非常接近，而区域 8 为非缺陷区域。

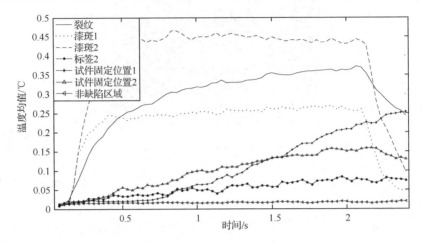

图 8-6　其他区域温度均值随时间变化的曲线

对图像序列进行离散傅里叶变换，得到每个像素点的相位信息，选取几个生热区域中心的位置及非缺陷区域随机位置的像素点，其相位随频率变化的曲线如图 8-7 所示。

由相位随频率变化的曲线可知，裂纹与漆斑的相位值绝大部分在 0 以下波动；标签 1 有部分相位值大于 0，与裂纹及漆斑的相位比较，特征不明显，这与其生热由标签与胶层之间的振动摩擦产生有关；标签 2 的热量全部由热扩散产生，而且升温非常低，相位变化与非缺陷区的像素点较为类似，低频时在 0 以上波动，中高频时在 0 上下波动，无明显规律；固定位置的热量由试件与固定装置的接触-碰撞产生，生热量较大，温度升高明显，但热成像仪能够探测到的温度升高全部由热扩散而来，相位值半数以上大于 0；非缺陷区域的相位值无规律。

从图中可以发现，直接生热部位的相位值绝大部分在 0 以下波动，热扩散较明显的区域大部分在 0 以上波动，其他区域的规律性不明显，总体在 0 上下波动。利用相位的分布情况，可以消除热扩散的影响，定位直接生热的缺陷位置。

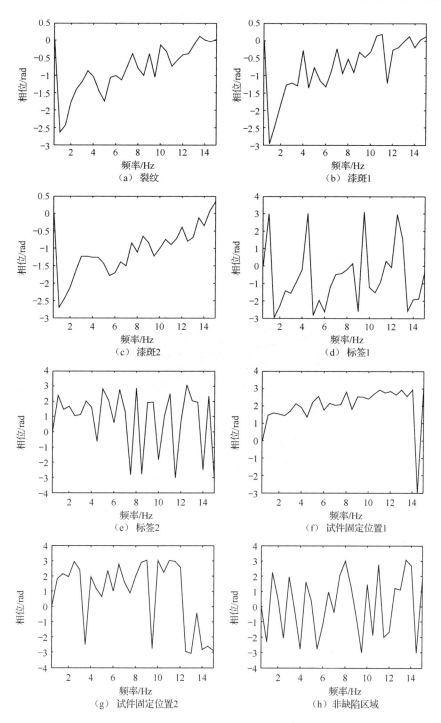

图 8-7　相位随频率变化的曲线

2．处理规则与提取结果

根据不同生热区域相位值的分布情况，可以消除标签等外在热源与热扩散的影响。对图像序列中每个像素点 $f_{x_i,y_j}(n)$ 进行离散傅里叶变换，得到相位值 $\Phi_{i,j}(f)$。然后对图像进行二值化处理，处理规则为

$$\begin{cases} X_{i,j}(f)=1 & \Phi_{i,j}(f) \leqslant 0 \\ X_{i,j}(f)=0 & \Phi_{i,j}(f) > 0 \end{cases}$$

$$\mathrm{BW}(i,j)= \begin{cases} 1 & \sum_{f=0}^{15} X_{i,j}(f) > 25, \quad \Delta f = 0.5 \\[2mm] 0 & \sum_{f=0}^{15} X_{i,j}(f) \leqslant 25, \quad \Delta f = 0.5 \end{cases} \qquad （8\text{-}10）$$

式中，$\mathrm{BW}(i,j)$ 表示将要生成的二值图像像素点 (x_i,y_j) 的值。在这里，选定频率率由红外热成像仪的采集帧频而定，对特征值 25 的选择由经验决定。根据 $\mathrm{BW}(i,j)$ 的值得到的二值图像如图 8-8 所示。

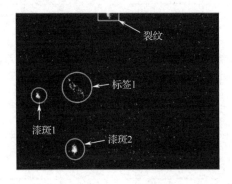

图 8-8　根据 BW(i, j)的值得到的二值图像

在图 8-8 中，白色表示直接生热的缺陷位置，但图像中存在许多随机噪声点，这是由于热超声图像情况非常复杂造成的，一些点的相位分布与直接生热的部位一致；标签 1 的生热主要由于胶层与标签本身的振动及摩擦，其相位情况与裂纹、漆斑有所不同，经二值化处理后呈松散状态。然而，试件上缺陷的面积与图像中的噪声像素点相比要大，直接生热的区域呈片状，不会是孤立的点，因此可以利用数学形态学降噪方法去除孤立的点，处理后的二值图像如图 8-9 所示。

图 8-9　用数学形态学方法处理后的二值图像

从图 8-9 的处理效果可以看出，该方法去除了噪声，消除了标签等外在生热、试件固定位置生热与裂纹等缺陷热扩散对缺陷判断的影响，将试件本身直接生热的位置在图像中定位。

但是，通过该图像处理过程，仍然不能确定缺陷的具体类型。

8.1.4　基于热扩散的缺陷类型判断

在图 8-9 中存在两种亮点：一是裂纹，二是喷涂不良造成的漆斑。漆斑一般是由于油漆与试件表面黏结不牢形成的。在超声激励下，漆斑与试件表面的接触区域因摩擦而生热。油漆的热传导率很低，热量产生后得不到有效扩散，造成小范围内的热量堆积，使相应区域的温度升高。漆斑可被视为一个平面热源，在红外图像中有着与裂纹等缺陷相似的温度升高值曲线与相位频率曲线。而裂纹生热是由于裂纹的两个接触面摩擦产生的，故可以被视为线热源，其产生的热量能够在试件中有效扩散，周边区域可以得到较漆斑周边更多的热量。因此，可以通过比较热扩散的程度来辨别裂纹与漆斑[4]。

为准确反映热扩散的程度，避免图像处理算法对热扩散的影响，这里仍然采用原始的红外图像序列进行比较。以遍历方式找到三个区域中温度最高的点，可以认为该点是生热的中心位置。选择激励后第 10 帧与第 55 帧（第 62 帧时激励停止）两个时刻，做出中心点与该点水平方向上左右附近几个点的温度值随像素变化的曲线，按照图 8-10 亮斑上的水平白线取点。为便于比较，对该区域内两个时刻的值分别进行归一化处理，处理后的曲线如图 8-11 所示。

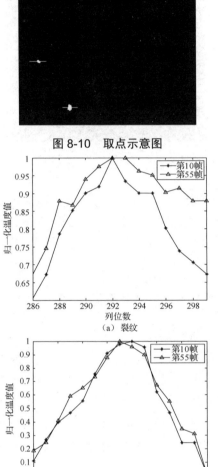

图 8-10 取点示意图

（a）裂纹

（b）漆斑1

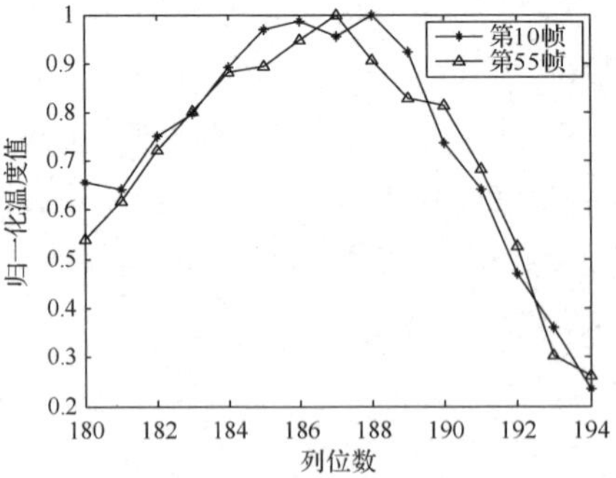

（c）漆斑2

图 8-11 两个时刻归一化温度值随像素变化的曲线

由于原始图像序列受噪声影响，温度值存在波动，与理想的曲线有所出入，但大致的趋势不受影响。对比裂纹与漆斑的曲线可知，裂纹区域在第 10 帧与第 55 帧两个时刻的曲线没有出现交叉，存在一个由热扩散造成的区域；而漆斑区域在两个时刻的曲线存在较大的交叉或混叠，这主要由于漆斑的热扩散能力弱造成。利用这种直接观察的方式，可以判断裂纹与漆斑两种亮点。最终的判断结果如图 8-12 所示。

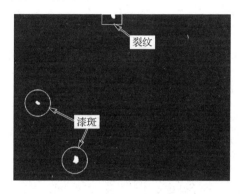

图 8-12　最终的判断结果

8.2　基于卷积神经网络和迁移学习的金属结构裂纹尺寸识别

传统特征提取方法是提高红外图像质量，突出局部异常，再依据欧式距离、格林公式等数学方法计算缺陷的周长和面积；机器学习方法包括特征提取和图像识别两个阶段，先分析设计能够描述缺陷尺寸的特征，再利用支持向量机、贝叶斯分类器等算法来识别缺陷尺寸。红外检测图像缺乏纹理，缺陷不规则，能够反映缺陷尺寸的特征较难选取，而且分类器与特征提取器难以适应。因此，传统数学方法和机器学习方法普遍存在效率低、识别精度低、适应性差、经验依赖性强等问题，难以满足红外检测图像识别的需求，严重制约了红外热成像检测技术的实际工程应用。近年来，随着计算机性能和人工智能技术的发展，深度学习方法在图像任务中取得突破性进展，推动了图像识别方法向自动化、智能化方向前进，为金属构件裂纹尺寸识别提供了新思路。

然而，受缺陷图像样本少和训练时间过长的影响，深度学习方法在红外热成像检测中的应用受到一定程度的限制。针对这一问题，我们将裂纹尺寸识别问题建模为图像分类问题，提出基于卷积神经网络和迁移学习的金属构件裂纹尺寸识别方法。卷积神经网络能够自动提取图像特征，并自动分类识别；迁移学习能够克服红外检测图像样本数据不足和训练时间长的问题。该方法是一种"端到端"的图像分类过程，能够直接输入原始图像，将图像问题中的特征提取、特征降维、分类识别统筹到同一个学习框架下，然后通过在特定任务的数据上进行训练，自动地逐层学习特征和修正误差，实现对金属构件裂纹尺寸的自动分类识别。

8.2.1 基于卷积神经网络的基本理论

1. 深度学习

传统神经网络由多个神经元组成，单个神经元如图 8-13 所示，作用是将输入的向量 x 通过某种加权和偏置运算转换为输出值 h。

众多神经元相互连接，形成多层神经网络，通常包含一个输入层、若干隐含层和一个输出层，图 8-14 是含有一个隐含层的神经网络结构图。图中符号下标 l、m 和 n 分别表示各层的节点数量，w_{ji} 表示隐含层第 j 个节点与输入层第 i 个节点之间的权值，w_{kj} 表示输出层第 k 个节点与隐含层第 j 个节点之间的权值。用同样的组合方式，可以得到含有多个隐含层的神经网络。

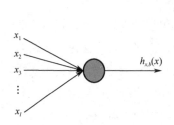

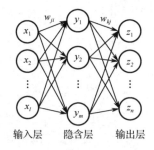

图 8-13　单个神经元　　　　图 8-14　含有一个隐含层的神经网络结构图

在传统神经网络中，相邻层的神经元之间按照图 8-15（a）所示全连接，但随着网络层数增多和输入图像尺寸增大，数据计算量暴增，导致网络训练极慢。因此，部分学者提出如图 8-15（b）所示的局部连接和参数共享的卷积神经网络，每个神经元只与本层输入图像（特征图）的局部区域连接，而且同一个特征图上的神经元共享一个权值向量。这一措施使训练参数量大大减少，在保证模型质量的同时提高了训练速度。

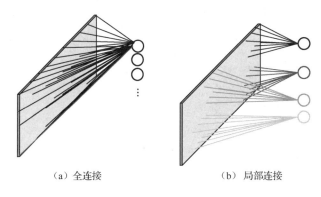

（a）全连接　　　　　　　　　　（b）局部连接

图 8-15　神经元的连接方式

2．卷积神经网络结构

卷积神经网络能够自动提取图像特征，具有良好的鲁棒性和运算效率，在图像分类、检测、分割等任务中具有突出优势，在许多数据集上取得较好结果，解决了许多传统方法难以解决的困难问题。

典型的卷积神经网络主要由交替的卷积层、池化层和全连接层组成，各层之间通过相互连接形成网络结构，将图像特征提取、特征降维和分类识别集成到一个学习框架中[5]。卷积神经网络一般结构如图 8-16 所示，其中 M 是卷积层数量，N 是池化层数量，K 是全连接层数量，P 是卷积神经网络层组数量。卷积神经网络各组件对神经网络性能具有关键作用，下面对卷积神经网络的组成部分做详细介绍。

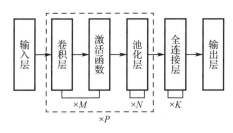

图 8-16　卷积神经网络一般结构

（1）卷积层。

卷积层是实现卷积神经网络特征提取功能的重要模块，由多个卷积核组成。卷积核运算过程如图 8-17 所示，卷积核沿着输入的二维图像，以固定的步长滑动，并在每个位置将卷积核的元素与输入图像上相应位置的像素值相乘之后求和，结果映射至输出特征图，直至滑动结束，便得到一幅输出特征图。

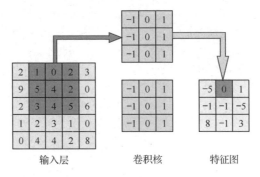

图 8-17　卷积核运算过程

卷积运算是一种线性运算，卷积核在滑动过程中的卷积运算就是将卷积核的元素与输入特征图像相应位置的像素值相乘之后求和，可用公式表示为

$$x_j^l = f\left(\sum_{i \in M_j} x_i^{l-1} \otimes w_{ij}^l + b_j^l \right) \tag{8-11}$$

式中，x_j^l 表示第 l 层第 j 个特征图；M_j 表示整体输入；w_{ij}^l 表示连接不同层两个特征图的卷积核；b_j^l 表示偏置，f 表示非线性变换函数。

上面已经指出，卷积层具有局部连接与权值共享的特点。

① 局部连接。由于图像中任一像素点与距离较近的像素关系更密切，因此每个神经元只需感知较近的区域，相邻两层之间采用局部连接方式。局部连接如图 8-18 所示。

② 权值共享。卷积核在滑动过程中，每次移动一个位置进行一次卷积运算，在不同区域使用的是同一个卷积核。每个卷积核在特征图像上完成一次完整的滑动，便得到一幅新的特征图像。权值共享如图 8-19 所示。

局部连接和权值共享在很大程度上减少了网络需要训练的参数，使卷积神经网络具有更加高效提取特征的能力，减少了训练时间。

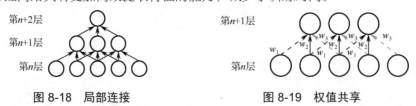

图 8-18　局部连接　　　　　图 8-19　权值共享

（2）激活函数。

卷积运算只有线性映射能力，无法满足特征提取的需求，因此常在卷积运算之后加入非线性函数运算，其功能是给网络加入非线性因素，使网络能够解决实际应用中的非线性问题。其中加入的非线性函数称为激活函数。

常用的激活函数主要有式 8-12 中的 Sigmoid 函数、Tanh 函数、ReLU 函数。图 8-20 为三种常用激活函数的曲线图。

$$\text{Sigmoid}(x) = \frac{1}{1 + e^{-x}}$$

$$\text{Tanh}(x) = \frac{e^x - e^{-x}}{e^x + e^{-x}} \qquad (8\text{-}12)$$

$$\text{ReLU}(x) = \begin{cases} 0 \, (x < 0) \\ x \, (x \geq 0) \end{cases}$$

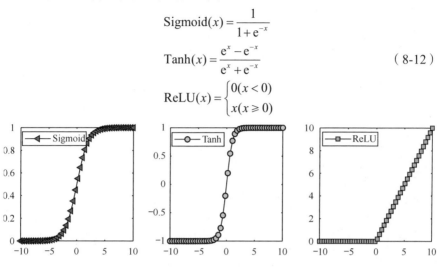

图 8-20　三种常用激活函数的曲线图

在不同的应用场景，应根据需要选用合适的激活函数。从图 8-20 可以看出，ReLU 函数在输入数据小于 0 时输出为 0，增加了网络稀疏性，提高了泛化能力；在输入大于或等于 0 时输出等于输入，而且输出值没有上限，不存在梯度饱和问题。

（3）池化层。

池化层用于对特征图像进行下采样，因此也称下采样层。池化层无须训练参数，每个特征图与上一层的一个特征图对应。池化操作是将池化核沿特征图像滑动，并在对应位置进行一次池化运算。池化方式包括最大池化、平均池化、随机池化、混合池化等，其中最常用的是最大池化和平均池化。最大池化是取对应区域的最大值作为输出值，平均池化是取对应区域的均值作为输出值。池化运算过程如图 8-21 所示。

池化层有以下主要作用。

① 在保留有用信息的同时缩小特征图尺寸，减少训练参数量，加快训练速度。

② 提取的图像特征具有放射不变性。

③ 有效避免网络过拟合的问题。

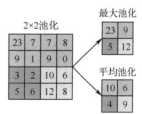

图 8-21　池化运算过程

（4）全连接层。

在卷积层和池化层之后，卷积神经网络的若干层为全连接结构，用于对卷积、激活、池化等操作提取的特征的组织综合。其中，卷积层的特征提取结果被输入到第一个全连接层；其他全连接层不同层的神经元之间全部连接，计算方式与卷积层类似，神经元的值由前一层中神经元的值与连接权值相乘并加入偏置量得到，可用下式表示：

$$x_j^{l+1} = f\left(\sum_{j=1}^{M} w_{ij}^{l+1} \cdot x_i^l + b_j^{l+1} \right) \tag{8-13}$$

式中，x_i^l 表示第 l 层的第 i 个神经元的值，w_{ij}^{l+1} 表示第 $l+1$ 层第 j 个神经元和第 l 层第 i 个神经元之间的连接权值，b_j^{l+1} 表示偏置，M 表示第 l 层神经元的个数。

（5）分类层。

分类层是卷积神经网络的最后一层，其作用是输出最终分类结果。在图像分类问题中，全连接层的输出值范围不确定，但样本数据的真实标签是离散值，最后由 Softmax 层将网络输出值映射到 $(0,1)$ 区间，使网络输出转化为关于类别的概率分布，通过概率值的大小判断图像类别。图像分类网络的输出层结构如图 8-22 所示。假设有 n 类分类问题，Softmax 回归的输出计算公式为

$$O = \frac{1}{\sum_{i=1}^{n} \exp(w_i x + b_i)} \begin{bmatrix} \exp(w_1 x + b_1) \\ \exp(w_2 x + b_2) \\ \vdots \\ \exp(w_n x + b_n) \end{bmatrix} \tag{8-14}$$

W 是权重矩阵，式中 w_i 是权重，b_i 是偏置值，O 是最终输出，表示属于每个类别的概率。

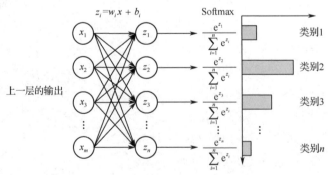

图 8-22　图像分类网络的输出层结构

3．卷积神经网络的训练过程

（1）构建网络模型。依据数据集的尺寸大小设计输入层，根据数据的特点及要实现的功能设计卷积层、激活函数、池化层的数量和步长等。

（2）参数初始化。按照一定的方法将权值和偏置等参数初始化为较小的随机数，此外要设置学习率、迭代次数等超参数。

（3）前向传播。训练集中的图像通过卷积、池化、激活等操作，将高层语义信息从输入图像中抽取出来，最终在全连接层进行汇总组合。

（4）计算误差。输出层中的误差利用损失函数求出，并反向求解其他全连接层和卷积层的节点误差。假设待求为第 l 层，第 $l+1$ 层共有 M 个节点，误差的反向求解可用公式表示为

$$C_i^l = y_i^l(1 - y_i)\sum_{j=1}^{M} C_j^{l+1} w_{ij}^{l+1} \tag{8-15}$$

式中，C_j^{l+1} 表示第 $l+1$ 层中节点 j 的误差，w_{ij}^{l+1} 表示第 $l+1$ 层第 j 个神经元和第 l 层第 i 个神经元之间的权值，y_i^l 表示第 l 层节点 i 的网络预测值。

（5）反向传播更新参数。反向传播的核心是采用梯度下降法使损失函数最小化，反向传播逐层更新卷积核权值 w_{ij}^l 和偏置 b_j^l。参数更新公式如式 8-16 和式 8-17 所示。

$$w_{ij}'^l = w_{ij}^l - \frac{\eta}{m} \cdot \frac{\partial C}{\partial w_{ij}^l} \tag{8-16}$$

$$b_j'^l = b_{ij}^l - \frac{\eta}{m} \cdot \frac{\partial C}{\partial b_j^l} \tag{8-17}$$

式中，η 表示学习率，控制反向传播速度；m 表示批处理大小；$\frac{\partial C}{\partial w_{ij}^l}$ 和 $\frac{\partial C}{\partial b_j^l}$ 分别表示误差对权值和偏置的梯度；计算公式分别为式 8-18 和式 8-19：

$$\frac{\partial C}{\partial w_{ij}^l} = x_i^{l-1} \otimes \delta_j^l \tag{8-18}$$

$$\frac{\partial C}{\partial b_j^l} = \sum_{U,V} (\delta_j^l)_{u,v} \tag{8-19}$$

在式 8-18 中，x_i^{l-1} 表示第 $l-1$ 层的特征图的第 i 个选择区域；在式 8-19 中，U, V 表示残差矩阵 δ_j^l 的行数和列数。残差矩阵 δ_j^l 的计算方法为

$$\delta_j^l = \frac{\partial C}{\partial x_j^l} \tag{8-20}$$

式中，C 表示真实值和预测值之间的误差，x_j^l 表示第 l 层的第 j 个特征图。

（6）输出结果。倘若达到设定的训练次数后，卷积神经网络模型性能仍然未达到预期效果，则需要调整初始化参数、超参数（甚至网络结构）并重新训练，直至模型性能达到预期。

以上参数更新公式就是梯度下降法。之后，研究人员在此基础上做出改进，提出了 Adagran、Adam、Rmsprop 等优化方法。

卷积神经网络的训练过程如图 8-23 所示。

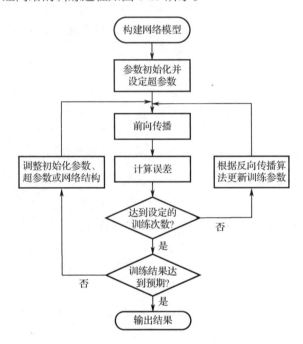

图 8-23　卷积神经网络的训练过程

8.2.2　迁移学习基础与卷积神经网络模型微调

迁移学习，是指利用数据、任务或模型之间的相似性，将在旧领域学习过的模型用于新领域的一种学习过程，基本方法分为四种：基于样本的迁移、基于模型的迁移、基于特征的迁移、基于关系的迁移。

在深度学习应用中，迁移学习通常是指基于特征和模型的迁移。针对一个新任务，从头训练神经网络耗时过长，而且在数据集较小时易导致神经网络模型泛化能力不强。因此，通常不会从头训练一个神经网络，而是利用一个大数据集上的预训练模型作为特征提取器，或者对预训练模型进行微调[6]。

作为特征提取器，预训练网络是一种基于特征的迁移学习方法，是指删除最后一个全连接层（输出层），将其他部分网络作为特征提取器用于提取图像特征，然后利用反向传播神经网络、支持向量机等浅层模型进行识别分类。微调预训练模型是一种基于模型的迁移学习方法，是指修改已经训练好的网络，固定前面若干层的参数，并针对新的任务微调后面的若干层，在训练时仅更新后面几层的参数。

一般而言，深度神经网络通常由多层网络构成，前面几层学习到的是通用特征；随着网络的加深，深层的网络学习到的是更偏重于学习任务特定的特征。

针对特定的金属裂纹尺寸识别任务，要具体分析金属构件红外热波检测图像数据集的特点，选择合适的迁移学习方法。红外热成像检测技术现在仍然处于基础研究阶段，没有利用深度神经网络精确检测缺陷尺寸的先例，而经典的卷积神经网络模型均是在物体分类中实现的，实验采集的红外图像数量较少且与经典网络训练时使用的图像差异较大，所以选择经典网络作为预训练网络并更改输出层，从网络的某一层开始利用实验采集的红外图像样本集来逐层微调其后的网络参数是一种较好的迁移方式。

1．预训练网络

因为红外热波检测图像多为浅层特征，缺少高层语义信息，大部分为弱语义信息，所以缺陷尺寸识别任务无需深度很大的复杂神经网络。统筹考虑红外图像浅层特征和计算机运算能力的限制，采用图 8-24 所示的层数较少的 AlexNet 网络作为预训练网络。

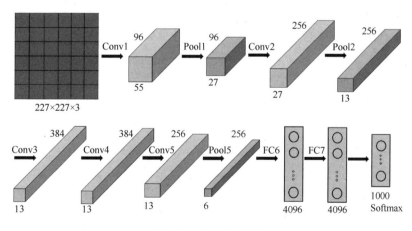

图 8-24　AlexNet 网络

AlexNet 网络模型是在公开数据集 ImageNet 上训练得到的，原始数据集包括 1000 个种类共计 100 万幅自然图像。这些图像包含各类物体，虽然每个类别的物体特征不同，但底层特征具有一定相似性和关联度。在进行迁移学习时，AlexNet 网络模型在底层特征上具有很强的泛化性能，所以我们采用该网络作为预训练模型，从而完成金属构件裂纹尺寸识别任务。

AlexNet 网络包含 8 个带权重的层，前 5 个是卷积层（池化层在卷积层后），最后 3 个是全连接层，最后一个全连接层输出 1000 类标签。

（1）卷积层 Conv1 的处理流程：卷积→激活→归一化→池化。卷积输入的是 227×227×3 的图像，使用 96 个 11×11×3 的卷积核，步幅为 4，得到特征图为 55×55×96；激活函数采用 ReLU 函数；局部响应归一化层的输入和输出均为 55×55×96；池化核大小为 3×3，步幅为 2，输出为 27×27×96（Pool1）。

（2）卷积层 Conv2 的处理流程：卷积→激活→归一化→池化。将上一层的输出分为两组，每组大小为 27×27×48，使用 128 个 5×5×48 的卷积核，边缘填充尺寸为 2，步幅为 1，输出两组 27×27×128 的特征图；池化采用尺寸 3×3 的最大池化，步幅为 2，输出两组 13×13×128 的特征图（Pool2）。

（3）卷积层 Conv3 的处理流程：卷积→激活。输入特征图为 13×13×256，使用 384 个尺寸为 3×3×256 的卷积核，边缘填充尺寸为 1，步幅为 1，输出 13×13×384 的特征图；激活函数使用 ReLU 函数。

（4）卷积层 Conv4 的处理流程：卷积→激活。该层类似 Conv3，输入为 13×13×384，分为两组，每组大小是 13×13×192，使用 192 个 13×13×192 的卷积核，边缘填充尺寸为 1，步幅为 1，输出两组 13×13×192 的特征图。

（5）卷积层 Conv5 的处理流程：卷积→激活→池化。输入特征图为 13×13×384，分为两组，每组大小是 13×13×192，使用两组，每组 128 个 3×3×192 的卷积核，边缘填充尺寸和步幅尺寸为 1，输出两组 27×27×128 的特征图；采用 ReLU 函数激活；池化层为尺寸 3×3、步长为 2 的最大池化，池化后输出图像尺寸为 6×6×256（Pool5）。

（6）全连接层 FC6 的处理流程：全连接→激活→Dropout。全连接层输入尺寸为 6×6×256，该层有 4096 个卷积核，每个卷积核尺寸为 6×6×256，与输入特征图大小相同。卷积核中每个系数只与输入特征图的一个像素值相乘。卷积核与输入特征图的尺寸相同，卷积运算后便只得到一个值，因此卷积运算后尺寸为 1×1×4096，即全连接层 FC6 含有 4096 个神经元。激活函数采用 ReLU，并加入 Dropout，以一定的概率使某些神经元失去活性，不再参与前向传播和反向传播，Dropout 的使用能够在一定程度上缓解模型的过拟合。

（7）全连接层 FC7 的处理流程：全连接→激活→Dropout。全连接层输入为 4096 个向量，通过 ReLU 函数生成 4096 个值，并利用 Dropout 防止过拟合。

（8）输出层 Softmax。该层含有 1000 个神经元，与上一层的 4096 个输出值全连接，经过训练后输出 1000 个值，就是预测结果。

2. 微调卷积神经网络

为了证明本节提出的裂纹尺寸识别方法的有效性，采用含微裂纹的金属平板试件，裂纹尺寸均处于微米级别。因此，实验数据相对 ImageNet 数据集而言很小，不足以用来从头训练 AlexNet 网络。根据深度神经网络可迁移性研究的结果可知，前几层网络的卷积特征更具有泛化性，而后几层的特征更能反映任务数据集的特性。因此，这里使用在 ImageNet 数据集上训练的 AlexNet 网络的权重参数，固定网络前 3 个卷积层的权重，微调后面其他层的权重，新增最终分类层（Softmax 层），输出对应类别的裂纹尺寸标签。图 8-25 为微调 AlexNet 网络示意图。

微调卷积神经网络模型的好处有以下两点。

（1）大大缩短了训练时间。由于模型只需训练 Conv4、Conv5 两个卷积层和两个全连接层，大幅减少了训练参数的数量，自然减少了训练时间。

（2）模型识别准确率更高。因为缺陷红外图像样本数据缺乏，所以保留预训练网络参数在提取底层特征时具有很强的泛化能力。

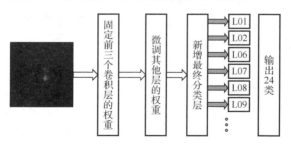

图 8-25　微调 AlexNet 网络示意图

8.2.3　在单一检测条件下金属构件裂纹尺寸识别

基于深度学习方法的金属构件裂纹尺寸识别流程如图 8-26 所示，主要包括三个步骤：样本数据集准备、网络模型建立与训练、模型测试评估。

在红外热成像检测的实际应用中，不同的检测条件下被测物体生热量不同，进而导致红外图像温度分布不同，因此单一检测条件和复合检测条件下模型的性能会有所不同。本节首先在单一检测条件下的数据集和复合检测条件下的数据集上对模型进行训练和评估，本节首先在单一检测条件下采集金属构件红外图像，研究微调神经网络在单一检测条件下的性能。

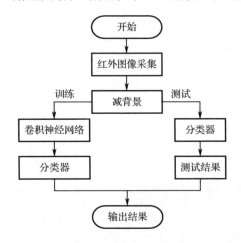

图 8-26　基于深度学习方法的金属构件裂纹尺寸识别流程

1. 图像样本集

根据 5.2 节探究检测条件对裂纹温度升高影响规律的结论，选用在生热效应和裂纹区域温度升高明显的检测条件（激励强度为 35%，预紧力为 25 kgf，激励时间为 4 s）下采集的图像数据，并进行减背景操作后，将其作为样本数据。图 8-27 为各试件第 40 帧图像构成的红外图像样本集示例。从 24 个试件（类别标签分别为 S01，S02，S03，…，S23，S24）的红外图像序列中选取样本数据。因为施加激励后裂纹生热扩散至试件表面需要一定的时间，所以选择激励开始 1 s 时刻为选取样本的起点，即选择激励开始后第 31 帧至第 120 帧图像（24 类共计 2160 幅），将 2160 幅样本图像随机打乱并按照 7∶1∶2 的比例划分为训练集、验证集和测试集，最终得到训练集 1512 幅图像、验证集 216 幅图像、测试集 432 幅图像。

为了使图像能够表征缺陷信息，同时适应网络模型，将每幅图像缩放，自动调整图像大小至同一尺寸。此外，深度学习本身是以数据为基础的，样本集数据量足够大，能够避免模型过拟合等问题。因此，对图像样本集进行额外的数据扩充操作：沿着水平轴或垂直轴随机翻转训练图像，沿水平或垂直方向随机移动一定数量的像素点，沿左右或上下方向随机反射。

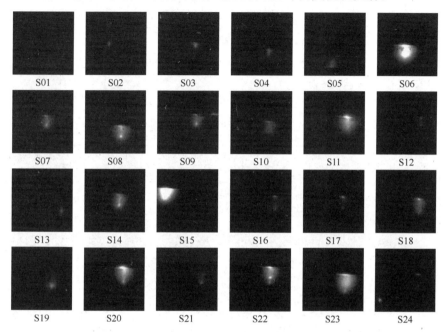

图 8-27　各试件第 40 帧图像构成的红外图像样本集示例

2．网络模型训练

卷积神经网络训练的目的是使最终的损失降到最低，这里采用的损失函数是交叉熵函数（cross-entropy cost function），函数表达式为

$$J(w,b) = \frac{1}{m} \left\{ \sum_{i=1}^{m} [-y^{(i)} \lg \hat{y}^{(i)} - (1-y^{(i)}) \lg(1-\hat{y}^{(i)})] \right\} \qquad (8\text{-}21)$$

式中，m 表示样本个数，$y^{(i)}$ 表示第 i 个样本的标签值，$\hat{y}^{(i)}$ 表示第 i 个样本的输出预测值。

在网络训练过程中，如果每进行一次梯度下降就遍历一次整个训练集，就需要很强的运算能力，而每次抽取部分样本进行训练，能够在保证梯度下降趋势不变的情况下大大加快训练速度。因此，本实验采用小批量梯度下降（mini-batch gradient descent，MBGD）法进行训练。超参数的选择对训练速度、模型性能均有很大的影响。经过参数调试，从训练时间和识别准确率两个方面对比，进行综合考量，最终选取的超参数如表 8-1 所示。批次大小设置为 50，即每次迭代使用 50 幅图像进行前向训练，根据 50 幅图像的平均误差进行反向传播，更新一次参数。Dropout 神经元的随机失活概率设置为 0.3。优化算法选取学习率自适应的 SGDM（SGD+Momentum）方法。学习率设置为 0.0001，取较小的学习率能够减缓尚未冻结的迁移层的学习速度。因为采用迁移学习方式，所需训练轮数相对较少，所以将训练周期数设置为 20 轮，对应每轮迭代次数 30 次，最大迭代次数 600 次，每迭代 30 次进行一次验证。

表 8-1　在单一检测条件下的网络结构和超参数

激活函数	输出层	损失函数	批次大小	Dropout 神经元的随机失活概率	优化算法	学习率	训练周期数
ReLU	Softmax	交叉熵函数	50	0.3	SGDM	0.0001	20

该模型以 AlexNet 网络为基础模型进行微调，任务数据集中包含训练集图像 1512 幅、验证集图像 216 幅、测试集图像 432 幅。在训练过程中，训练集和验证集的损失函数值随迭代次数变化的曲线如图 8-28 所示，识别准确率随迭代次数变化的曲线如图 8-29 所示。从图中可以看出，随着模型迭代次数增加，损失值逐渐降低，准确率逐渐升高。在前 100 次迭代中，模型的识别准确率很低，损失值迅速下降，识别准确率迅速上升；之后，损失值和准确率变化逐渐放缓。在迭代 200 次左右后，模型开始收敛。最终迭代至 500 次时，模型损失值已经趋于稳定。总体而言，准确率和损失值变化趋势表现良好，验证损失值和准确率也在训练结束时达到稳定。这初步说明，网络结构合理，参数设置合适，微调神经网络的训练方法有效。

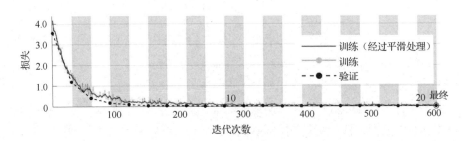

图 8-28　在单一检测条件下损失值变化过程

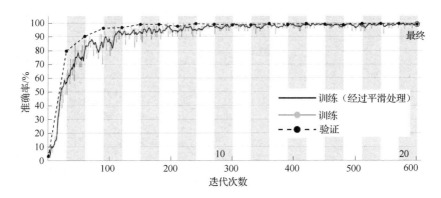

图 8-29　在单一检测条件下准确率变化过程

3. 模型性能评估

（1）评价指标。

在神经网络模型训练结束之后，需要在测试集上做预测来评估模型的性能，通常定义评价指标来评估模型的性能。这里将金属构件裂纹尺寸识别建模成一个图像分类问题，常用的图像分类评价指标主要有混淆矩阵、准确率、召回率。下面详细介绍这些评价指标。

① 混淆矩阵。混淆矩阵是展示神经网络模型在测试集上的预测结果与真实标签对应情况的一种矩阵，是用于评价分类结果的重要可视化手段。图 8-30 为多分类混淆矩阵示意图，第 i 行第 j 列元素值 n_{ij} 表示测试集中预测类别为 i，而输入的目标类别（真实标签）为 j 的样本数量。

图 8-30　多分类混淆矩阵示意图

② 准确率（ACC）。在检测结果为某一类别的样本中，预测结果正确的比例，反映检测的准确性，可用公式表示如下：

$$ACC = \frac{\sum_{i=1}^{k} n_{ii}}{\sum_{i=1}^{k}\sum_{j=1}^{k} n_{ij}} \qquad (8\text{-}22)$$

③ 召回率（REC）。正确检测出某一类别的数量占测试集中该类别总数的比例，反映模型识别目标的能力，可用公式表示如下：

$$REC_m = \frac{n_{mm}}{\sum_{i=1}^{m} n_{im}} \qquad (8\text{-}23)$$

在多分类问题中，常用评价指标综合召回率综合评价模型性能，用公式表示为

$$REC = \frac{\sum_{i=1}^{k} REC_m}{k} \qquad (8\text{-}24)$$

（2）模型评估。

为了测试迁移卷积神经网络在金属构件裂纹识别数据集上的表现，我们在红外图像样本集上对已训练模型进行测试。测试集中有 432 幅金属构件红外检测图像，测试得到如图 8-31 所示的多分类混淆矩阵，详细表示了每个类别图像的识别准确率和被误分的错误率。通过混淆矩阵可以发现，主对角线上大部分元素值等于测试集中对应类别的数量，即代表测试集中该类别全部预测正确，仅有一幅实际类别为 S11 的红外图像被误分为 S18，表明经过训练的网络模型高效准确地完成了特征提取和分类任务。

为了客观评估模型性能，避免随机误差的影响，利用训练好的深度学习模型在红外图像测试集上连续进行 10 次测试，并统计 10 次测试各个类别图像的召回率均值，如表 8-2 所示。

从表 8-2 可以看出，24 个金属试件的平均召回率均较高，最低值为94.4%。对比各裂纹尺寸的识别结果，可以发现，分类准确率较低的几个类别均是实际裂纹尺寸与预测裂纹尺寸差别不大，导致模型将其误分为近似裂纹尺寸的类别，造成模型对该类别的识别准确率相对较低。总体而言，该模型区分范围能够精确至 100 μm 级别，识别准确率的均值达到 99.398%，综合召回率达到 99.4%，能够较准确地识别出金属构件的裂纹尺寸。另外，该模型经过 600 次迭代训练的总时间仅为 18.13m，训练时间较短，具有较大的实用性。

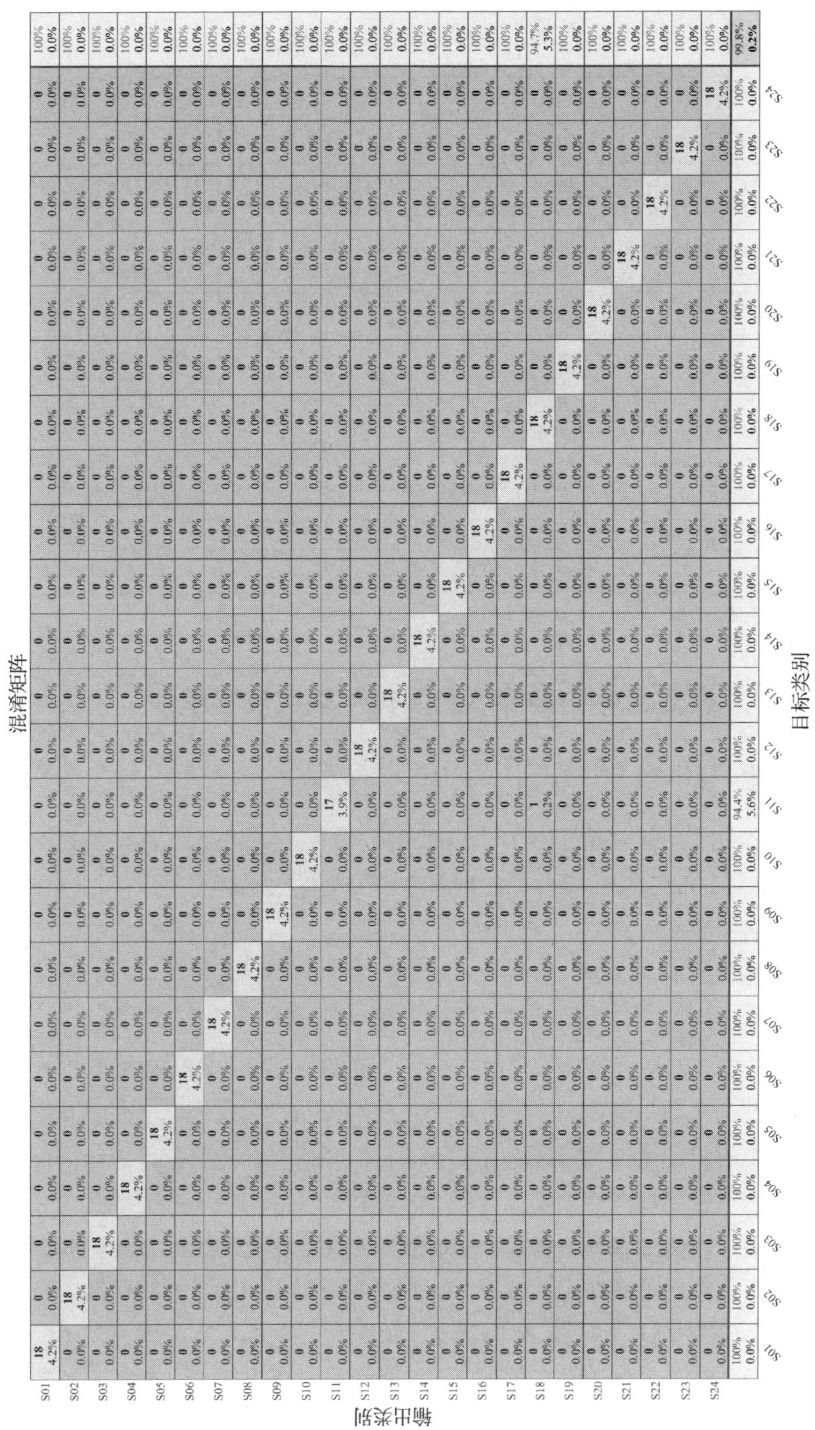

混淆矩阵

目标类别

图 8-31　在单一检测条件下模型的测试混淆矩阵

表 8-2　单一检测条件下模型测试结果

编　号	召回率	编　号	召回率
L01	100%	L13	100%
L02	98.9%	L14	98.9%
L03	100%	L15	100%
L04	100%	L16	100%
L05	100%	L17	98.9%
L06	100%	L18	100%
L07	100%	L19	100%
L08	100%	L20	100%
L09	100%	L21	100%
L10	94.4%	L22	100%
L11	96.7%	L23	100%
L12	97.8%	L24	100%

8.2.4　在复合检测条件下金属构件裂纹尺寸识别

1. 图像样本集

在实际的红外热成像检测中，针对不同材料、不同结构，往往需要不同的检测条件。同时，裂纹尺寸的识别精度不仅与网络结构有关，也与红外图像采集时的检测条件有关。本节旨在探究微调神经网络模型在复合检测条件下对裂纹尺寸的识别精度，从而验证基于卷积神经网络和迁移学习的金属构件裂纹尺寸识别方法的通用性和适应性。

根据 5.2 节的研究结论，在超声红外热成像检测中，激励时间、预紧力和激励强度是影响裂纹区域温度升高的重要检测条件。我们选取在不同检测条件下采集的图像数据，将其混合在一起，探究在复合检测条件下卷积神经网络模型识别裂纹尺寸的性能。选择 10 种裂纹尺寸的金属平板试件，裂纹尺寸及其对应标签如表 8-3 所示，并在表 5-1 设置的 6 种不同生热量明显的检测条件下采集红外图像序列数据。需要说明的是，每组红外图像数据采集时间为 4 s，在激励开始后第 21 帧至第 120 帧每隔一帧保存一帧红外图像。因此，每种裂纹长度的试件在每种检测条件下的图像数量为 50 幅，在 6 种检测条件下共 300 幅图像，最终得到 3000 幅样本图像，作为数据集。将 3000

幅样本图像随机打乱并按照 7∶1∶2 的比例划分为训练集、验证集和测试集。

表 8-3　在复合检测条件下的裂纹尺寸及其对应标签

标　　签	长度/μm	标　　签	长度/μm
L01	4639.50	L06	7275.00
L02	5263.50	L07	7507.79
L03	5477.50	L08	7930.00
L04	6559.11	L09	8014.54
L05	6983.00	L10	9143.00

2．网络模型训练

在复合检测条件下，金属构件裂纹的尺寸识别依然以前面讲述的微调 AlexNet 网络的方法进行训练。任务数据集中包含训练集、验证集、测试集的图像数量分别为 2100 幅、300 幅、600 幅。实验采用小批量梯度下降法进行训练，最终选取的超参数如表 8-4 所示。批次大小设置为 50。Dropout 神经元的随机失活概率设置为 0.3。优化算法选取学习率自适应的 SGDM 方法。学习率设置为 0.0003。训练周期数设置为 30，对应每轮迭代次数 42 次，最大迭代次数 1260 次。每训练一个完整周期，验证一次准确率和损失值。

表 8-4　在复合检测条件下的网络结构和超参数

激活函数	输出层	损失函数	Dropout 神经元的随机失活概率	批次大小	优化算法	学习率	训练周期数
ReLU	Softmax	交叉熵函数	0.3	50	SGDM	0.0003	30

图 8-32 为在复合检测条件下损失值变化过程，图 8-33 为在复合检测条件下准确率变化过程。在训练过程中，损失值和识别准确率随迭代次数变化的曲线分别如图 8-32 和图 8-33 所示。从图中可以看出，随着模型迭代次数增加，损失值逐渐降低，准确率逐渐升高，前 200 次迭代中模型的损失值迅速下降，识别准确率迅速上升，变化速率变小；迭代至 600 次时，模型损失值已经趋于稳定。总体而言，准确率和损失值变化趋势表现良好，验证损失值和准确率也在训练结束时达到较好的结果并保持稳定。

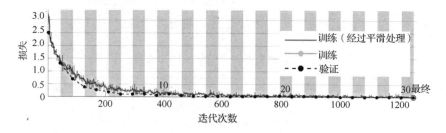

图 8-32　在复合检测条件下损失值变化过程

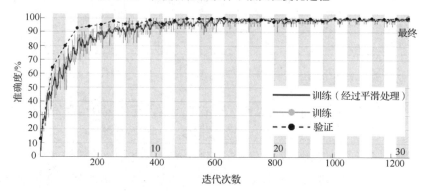

图 8-33　在复合检测条件下准确率变化过程

3. 模型性能评估

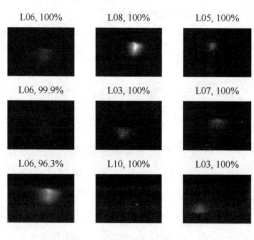

图 8-34　测试结果示例

为了验证模型性能，在红外图像样本集上对已训练模型进行测试，测试集中每幅图像均得到一个预测类别。图 8-34 为包含 9 幅测试图像的测试结果示例，测试结果包含预测类别的种类及所属概率（例如，图 8-34 中第 4 幅图像的预测标签为 L06，属于该类别的概率为 99.9%）。测试集中有 600 幅金属构件红外检测图像，测试得到如图 8-35 所示的混淆矩阵。

从图中可以发现，主对角线上大部分元素值为 60，即表示测试集中该类别图像的预测标签完全正确，600 幅图像中仅有 6 幅图像识别错误，裂纹尺寸识别准确率达到 99.0%。

混淆矩阵

输出类别	L01	L02	L03	L04	L05	L06	L07	L08	L09	L10	
L01	56 9.3%	0 0.0%	0 0.0%	0 0.0%	0 0.0%	0 0.0%	0 0.0%	0 0.0%	0 0.0%	0 0.0%	100% 0.0%
L02	0 0.0%	60 10.0%	0 0.0%	0 0.0%	0 0.0%	0 0.0%	0 0.0%	0 0.0%	1 0.2%	0 0.0%	98.4% 1.6%
L03	0 0.0%	0 0.0%	60 10.0%	0 0.0%	0 0.0%	0 0.0%	0 0.0%	0 0.0%	0 0.0%	0 0.0%	100% 0.0%
L04	0 0.0%	0 0.0%	0 0.0%	60 10.0%	0 0.0%	0 0.0%	0 0.0%	0 0.0%	0 0.0%	0 0.0%	100% 0.0%
L05	0 0.0%	0 0.0%	0 0.0%	0 0.0%	60 10.0%	0 0.0%	0 0.0%	0 0.0%	0 0.0%	1 0.2%	98.4% 1.6%
L06	0 0.0%	0 0.0%	0 0.0%	0 0.0%	0 0.0%	60 10.0%	0 0.0%	0 0.0%	0 0.0%	0 0.0%	100% 0.0%
L07	4 0.7%	0 0.0%	0 0.0%	0 0.0%	0 0.0%	0 0.0%	60 10.0%	0 0.0%	0 0.0%	0 0.0%	93.8% 6.3%
L08	0 0.0%	0 0.0%	0 0.0%	0 0.0%	0 0.0%	0 0.0%	0 0.0%	60 10.0%	0 0.0%	0 0.0%	100% 0.0%
L09	0 0.0%	0 0.0%	0 0.0%	0 0.0%	0 0.0%	0 0.0%	0 0.0%	0 0.0%	59 9.8%	0 0.0%	100% 0.0%
L10	0 0.0%	0 0.0%	0 0.0%	0 0.0%	0 0.0%	0 0.0%	0 0.0%	0 0.0%	0 0.0%	59 9.8%	100% 0.0%
	93.3% 6.7%	100% 0.0%	100% 0.0%	100% 0.0%	100% 0.0%	100% 0.0%	100% 0.0%	100% 0.0%	98.3% 1.7%	98.3% 1.7%	99.0% 1.0%
	L01	L02	L03	L04	L05	L06	L07	L08	L09	L10	

目标类别

图 8-35　在复合检测条件下模型的测试混淆矩阵

同样，利用训练好的深度学习模型在红外图像测试集上连续进行 10 次测试，并统计 10 次测试中各个类别图像的召回率的均值，在复合检测条件下模型测试结果如表 8-5 所示。

从测试结果可以看出，10 个类别金属试件的平均准确率和召回率均较高。对比各类别裂纹尺寸，可以发现，分类准确率较低的几个类别裂纹尺寸与误分的裂纹尺寸差别不大，导致模型将其误分为近似裂纹尺寸的类别，造成模型对该类别的测试精度相对较低。总体而言，该模型能够较准确地识别出金属构件的裂纹尺寸，区分范围能够精确至 100 μm 级别，识别准确率达到 99.53%，综合召回率达到 99.55%。该结果达到了预期的金属构件裂纹尺寸识别精度，同时说明本节提出的微调卷积神经网络模型适用于红外热成像检测中的裂纹尺寸识别过程，具有较好的通用性。

表 8-5　在复合检测条件下模型测试结果

编　　号	召　回　率	编　　号	召　回　率
L01	98.0%	L06	99.7%
L02	99.7%	L07	100%
L03	99.7%	L08	100%
L04	100%	L09	99.7%
L05	100%	L10	98.7%

8.3　基于 U-Net 的裂纹尺寸识别

本节从缺陷分割目标出发，深入研究分析基于 U-Net 和 U^2-Net 模型的对生热区域特征提取的有效性。在此基础上进行改进，提出轻量 SE-U^2-Net 网络，以实现更精确、更快速地缺陷分割定量。

8.3.1　U-Net 及其改进的网络模型构建

1. U-Net 模型

U-Net 是一种全卷积网络（fully convolutional network，FCN）结构模型，可以对图像进行快速精确分割定量，能够在小样本训练下产生更精确的分割。U-Net 网络采用的是编码器-解码器结构，其下采样-上采样的 U 型结构可以实现对原始图像的分割重构。

本节设计的 U-Net 包含 9 组数据处理单元。

（1）前 5 组为编码过程，每组通过卷积层和最大池化层，卷积层包括卷积核为 3×3 的卷积层、批处理归一化层（BN）和 ReLU 激活函数，最大池化层为 2×2 的最大池化函数，用于下采样。

（2）后 4 组为解码过程，每组包含卷积层和上采样层，卷积层同上，上采样层包含双线性插值上采样及第 i 个阶段与第 9-i 个阶段特征图的通道维度拼接。基于 U-Net 的红外热像图分割结构参数如表 8-6 所示，输入图像为增强后的超声红外热像图。

表 8-6 基于 U-Net 的红外热像图分割结构参数

处 理 单 元	模　　块	内 核 尺 寸	输 出 维 度
输入图像	—	—	1×(565×584)
阶段 1	Convolution-BNormalization-ReLU	16×(3×3)	16×(565×584)
阶段 2	Max polling	16×(2×2)	16×(282×292)
	Convolution-BNormalization-ReLU	32×(3×3)	32×(282×292)
阶段 3	Max polling	32×(2×2)	32×(141×146)
	Convolution-BNormalization-ReLU	64×(3×3)	64×(141×146)
阶段 4	Max polling	64×(2×2)	64×(70×73)
	Convolution-BNormalization-ReLU	128×(3×3)	128×(70×73)
阶段 5	Max polling	128×(2×2)	128×(35×36)
	Convolution-BNormalization-ReLU	256×(3×3)	256×(35×36)
阶段 6	Bilinear Interpolation-Copy connect	—	256×(70×73)
	Convolution-BNormalization-ReLU	128×(3×3)	128×(70×73)
阶段 7	Bilinear Interpolation-Copy connect	—	128×(141×146)
	Convolution-BNormalization-ReLU	64×(3×3)	64×(141×146)
阶段 8	Bilinear Interpolation-Copy connect	—	64×(282×292)
	Convolution-BNormalization-ReLU	32×(3×3)	32×(282×292)
阶段 9	Bilinear Interpolation-Copy connect	—	32×(565×584)
	Convolution-BNormalization-ReLU	16×(3×3)	16×(565×584)
输出	—	—	1×(565×584)

2. U^2-Net 模型

U^2-Net 是一个的双层嵌套的 U 型网络结构，主要混合不同大小的 U 型残差块（residual u-blocks，RSU）和连接 RSU 的外层 U 型结构。其中，RSU由三个部分构成：输入卷积层、类似 U-Net 的编码器-解码器结构，以及通过残差块连接输入层和中间层的残差连接层。RSU 和原始残差块（ResNet）的主要区别在于，RSU 用类似 U-Net 的结构，替换了其中一层权重层，并用通过加权层叠加的多层局部特征替换了原始特征。

本节设计的 U^2-Net 整体结构由三个部分组成——6 个编码阶段、5 个解码阶段，以及采用深度监督策略的特征融合输出模块，每个阶段均由不同层数的 RSU 模块组成。U^2-Net 整体结构如图 8-36 所示。在 En_1、En_2、En_3、

En_4 前四个阶段的编码器中，分别使用了从 7 到 4 不同深度的 RSU 模块，从而获得多尺度的特征信息；在 En_5、En_6 两个阶段的编码器中，使用了配置空洞卷积的 RSUF 模块，将卷积上的采样操作替换成扩展卷积，使中间层特征图的尺寸与输入层一致，每个编码器之间用下采样进行特征图的转换与传输；解码器与左侧同位置编码器配置相同，输入为上一级编码器输出与左侧对称解码器输出的级联合并，进行更深层次的特征提取与融合；最后部分是显著特征图融合模块，首先通过卷积层和 Sigmoid 激活函数从 En_6 编码器以及不同阶段解码器生成 S6、S5、S4、S3、S2、S1 显著图，并将显著图经过升采样处理，将尺寸调整为输入图像的大小；通过一个串联操作、1×1 的卷积层以及 Sigmoid 函数，将这些显著图融合，最终形成特征图输出。

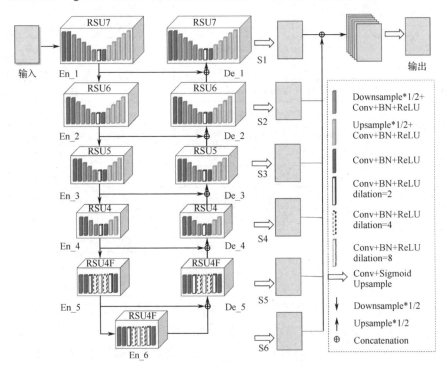

图 8-36　U²-Net 整体结构

3. 轻量 SE-U²-Net 模型

U²-Net 中的 RSU 属于残差结构，本节将深度可分离卷积（depthwise separable convolution，DSC）和压缩激励网络（squeeze-and-excitation net，SE-Net）注意力机制纳入原始 RSU 中，提出了轻量 SE-RSU 模块。用深度可

分离卷积替换 RSU 中的普通卷积，利用深度可分离卷积的优势，减少计算量，而且在编码阶段，使用嵌入 SE-Net 通道注意力模块的 RSU 来提高特征提取的有效性，并在解码阶段，将获取到的编码阶段的有效特征层进行上采样操作，以逐个像素地恢复原始图像的精度，并恢复细节信息。同时，通过跳跃连接，将两部分获取的特征层进行特征融合，以达到更加准确的图像重建效果。将融合后的特征层进行卷积之后，嵌入 SE-Net 通道注意力模块，在前三次跳跃连接中，每进行一次特征融合后都添加一个 SE-Net 通道注意力模块。在外层 U 型结构中，在每一个编码器输出与左侧对称解码器输出的级联合后，都添加一个 SE-Net 通道注意力模块，使模型在训练过程中能够始终关注重要特征，从而消除在上采样过程中发生的混叠效应，提高图像序列中裂纹分割的准确性和鲁棒性。轻量 SE-U^2-Net 整体结构如图 8-37 所示。

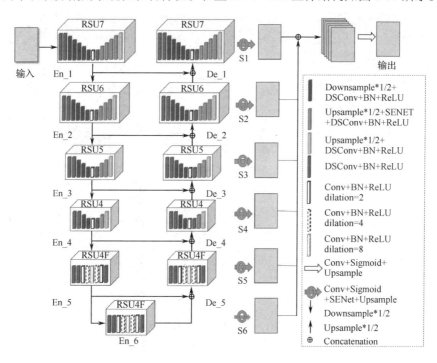

图 8-37　轻量 SE-U^2-Net 整体结构

8.3.2　缺陷特征提取与裂纹尺寸识别对比分析

1．超声红外热成像数据预处理

利用第 6 章提到的聚类分析和骨架均衡增强算法对原始超声红外热成像

数据进行增强处理，构成实验所需的数据集。最终获得的数据集包含 10 类不同裂纹长度的超声红外增强热像图。对于基于深度学习的图像分割算法而言，数据量的充足性是至关重要的，足够多的样本数量可以有效缓解数据量过少导致的过拟合问题，并使分割模型具备良好的泛化能力。为了提升超声红外图像分割算法的定量效果，需要对原始数据集进行扩充。常用的数据扩充手段有图像旋转、镜像、图像裁剪、缩放、图像亮度变化、加入噪声等。为有效保留图像的原有特征信息，在此采用图像旋转、镜像的方法对数据集进行扩充，如图 8-38 所示。最终获得每类 30 幅，共计 300 幅增强红外热像图。对每幅红外热像图在长度上进行基于缺陷真实长度的标定，在宽度上进行基于缺陷生热的标定，部分缺陷增强热像图的定量标定图如图 8-39 所示。

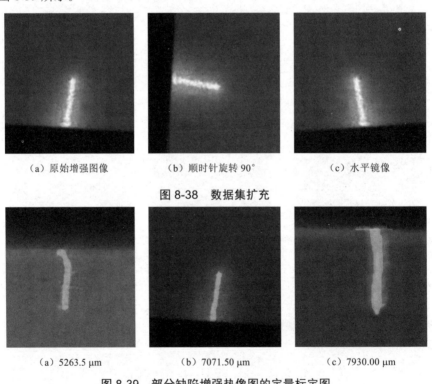

（a）原始增强图像　　　　　（b）顺时针旋转 90°　　　　　（c）水平镜像

图 8-38　数据集扩充

（a）5263.5 μm　　　　　（b）7071.50 μm　　　　　（c）7930.00 μm

图 8-39　部分缺陷增强热像图的定量标定图

2. 实验环境及评价标准

（1）实验环境。

Windows11，64 位操作系统；内存（RAM）为 16GB；显卡为 Graphics

Double Data Rate version 6；模型的训练环境为 PyTorch1.13.0 和 Python3.8。

（2）评价指标。

通过将实验结果与标准标注热像图进行对比，对模型的性能表现和分割效果进行评估。使用 Dice 相似系数、交并比（IoU）、平均绝对误差（mean absolute error，MAE）、F_1 分数（F_1 Score）作为评价指标。

① Dice 相似系数是指模型分割出的缺陷生热区域 X 与标准标注的缺陷生热区域 Y 之间的一个重叠程度。Dice 的最大值为 1，值越接近 1，模型越精准。

$$\text{Dice} = \frac{2(X \cap Y)}{X + Y} \tag{8-25}$$

② 交并比表示模型预测生热区域 X 与标定生热区域 Y 的交集和并集之比。交并比的最大值为 1，值越接近 1，则区域推测越准确。

$$\text{IoU} = \frac{|Y \cap X|}{|Y \cup X|} \tag{8-26}$$

③ 平均绝对误差表示预测生热区域和标定值之间绝对误差的均值。范围为 $[0, +\infty)$，当预测值与标定值完全吻合时等于 0，即完美模型；误差越大，该值越大。

$$\text{MAE} = \frac{1}{m} \sum_{i=1}^{m} |y_i - x_i| \tag{8-27}$$

④ F_1 分数是用来衡量二分类模型精确度的一种指标，同时兼顾分类模型的准确率（precision）和召回率（recall），它的取值区间为 0～1，值越大意味着模型越好。

$$F_1 = 2 \frac{\text{precision} \cdot \text{recall}}{\text{precision} + \text{recall}} \tag{8-28}$$

$$\text{precision} = \frac{\text{TP}}{\text{TP} + \text{FP}} \tag{8-29}$$

$$\text{recall} = \frac{\text{TP}}{\text{TP} + \text{FN}} \tag{8-30}$$

式中，TP（true positive）为预测准确的缺陷前景区域，FP（false positive）为误判为缺陷前景的背景区域，FN（false negative）为误判为背景的缺陷前景区域。

3. 生热区域提取及对比分析

为了验证不同模型的生热区域效果，分别使用 U-Net、U²-Net、轻量

SE-U^2-Net 三种分割模型在同一数据集上进行实验比较。以 Dice 相似系数、交并比、平均绝对误差和 F_1 分数作为评价指标进行对比实验，实验结果去除最佳值，如表 8-7 所示。

表 8-7　不同模型的测试结果

分 割 模 型	Dice 相似度系数	交并比	平均绝对误差	F_1 分数
U-Net	0.902	82.1%	0.007	0.901
U^2-Net	0.962	92.8%	0.003	0.963
轻量 SE-U^2-Net	0.981	96.3%	0.001	0.981

从表 8-7 可以看出，U^2-Net 模型的分割效率较 U-Net 有大幅度的提升，U^2-Net 模型的 Dice 相似系数为 0.962，交并比为 92.8%，F_1 分数为 0.963，较 U-Net 模型相比分别提升了 0.06、10.7%、0.062，平均绝对误差也从 0.007 提升到 0.003。这说明 U^2-Net 模型的双层特征提取结构相较 U-Net 模型的单层 U 型特征提取结构，能更好地捕捉超声红外热像图的多尺度特征，使分割裂纹生热区域的结果更加精确。而轻量 SE-U^2-Net 模型的 Dice 相似系数为 0.981，交并比为 96.3%，F_1 分数为 0.981，相较 U^2-Net 模型分别提升了 0.019、3.5%、0.018，证明轻量 SE-U^2-Net 模型加强了对裂纹生热特征的关注度，提升了裂纹生热区域的分割准确率，提高了分割模型的鲁棒性。

图 8-40 进一步对比，展示了不同方法对不同裂纹生热区域的提取效果：第一行是定量标定图，第二行是传统大津（Otsu）算法分割效果图，第三行是 U-Net 分割效果图，第四行是 U^2-Net 分割效果图，第五行是轻量 SE-U^2-Net 分割效果图。

图 8-40 分别选取了上述各个模型的缺陷分割效果图进行对比说明。因为缺陷生热没有明确边界，所以对模型的分割能力是很大的考验。

从图 8-40（b）中可以看出，使用传统大津算法分割时，出现了一定的分割偏差，对大部分超声红外热像图虽然能够准确识别出裂纹区域，但不能将裂纹生热区域与热扩散区域分开；对于小部分热像图，未能寻找到最佳阈值，对裂纹区域的选择出现了偏差。而从图 8-40（c）（d）（e）可以看出，使用深度学习网络进行的裂纹图像分割，可以正确对缺陷生热区域进行有效分割。

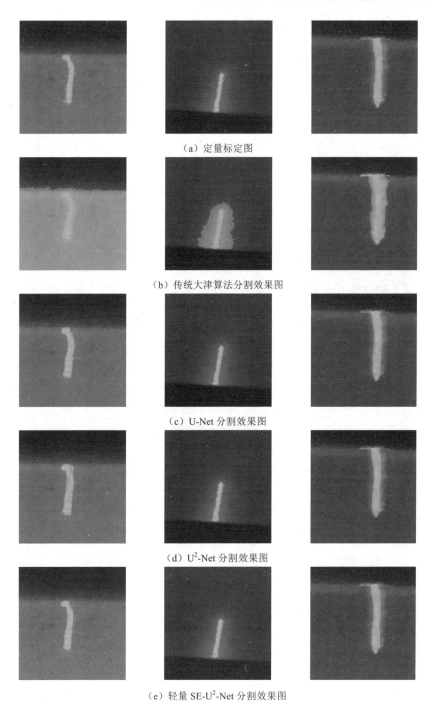

（a）定量标定图

（b）传统大津算法分割效果图

（c）U-Net 分割效果图

（d）U^2-Net 分割效果图

（e）轻量 SE-U^2-Net 分割效果图

图 8-40　不同模型的裂纹生热区域提取效果图

从 U-Net 分割效果图可以看出，其分割效果远优于传统大津算法分割，正确分割了缺陷生热区域，初步达到了分割的预期效果，但将一小部分热扩散区域误判成缺陷生热区域，而且分割边缘比较粗糙。

U²-Net 模型使用的 U 型结构嵌入 RSU 模块，用于捕获多尺度特征，边界细分效果更加精细，显著优化了分割边缘，使其更加流畅，更接近定量标定图分割，但由于 U²-Net 模型对各个尺度的特征都进行了融合，导致误分割进缺陷生热区域的热扩散区域较多。

本章提出的轻量 SE-U²-Net 模型分割效果最佳，其分割边缘最为细致流畅，且对热扩散区域的误判最少，分割效果最接近定量标定图。其嵌入的 SE-Net 与深度可分离卷积对多尺度特征的加权优化效果明显，显著提高了模型的学习能力。

4．裂纹尺寸识别及对比分析

根据疲劳裂纹的分割结果将长度定量化，得到不同分割模型的定量化结果，如表 8-8 所示。从表中可以看出，U-Net、U²-Net 和轻量 SE-U²-Net 三个模型对缺陷长度的定量都较为精准，误差均在 5%以内。裂纹越长，模型对裂纹的长度定量误差越小，结果越精确。三个模型对长度定量的平均绝对误差分别为 1.39%、1.22%、0.83%。这说明轻量 SE-U²-Net 模型不仅在生热宽度定量上精确度最高，在裂纹长度定量上也最为精准。

表 8-8　不同分割模型的定量化结果

标定值	U-Net 模型		U²-Net 模型		轻量 SE-U²-Net 模型	
长度/μm	长度/μm	误差/%	长度/μm	误差/%	长度/μm	误差/%
3898.49	3827.05	−1.8	3878.08	−0.5	3857.67	−1.0
5263.50	5386.95	2.3	5487.96	4.2	5218.61	−0.8
5477.40	5396.17	−1.5	5454.19	−0.4	5465.80	−0.2
6740.50	6671.15	−1.0	6792.68	0.8	6782.72	0.6
6983.00	6879.16	−1.5	6866.18	−1.6	6944.06	−0.6
7071.50	6892.47	−2.5	6856.70	−3.0	6802.96	−3.7
7930.00	8050.33	1.5	7966.10	0.4	7881.87	−0.6
8537.50	8619.21	0.9	8591.64	0.6	8507.25	−0.3
9143.00	9183.46	0.4	9169.97	0.3	9102.55	−0.4
9301.36	9250.69	0.5	9263.28	0.4	9288.45	0.1

8.4　本章小结

　　针对超声红外热像图的缺陷特征提取，本章重点介绍了基于脉冲相位与热扩散和基于卷积神经网络与迁移学习两种方法。基于脉冲相位与热扩散的方法主要优势在于操作方便与过程快捷，通过分析温度变化与峰值信息，实现对缺陷特征的提取，基于热扩散的特点实现对缺陷类型的判断。基于卷积神经网络与迁移学习的方法实现了对缺陷的自动分类识别和克服样本数据不足和训练时间长的问题。以上方法均可以实现对缺陷特征的提取，针对具体应用场景，可以从中选择更为合适的方法。

参考文献

[1] MALDAGUE X, MARINETTI S. Pulse phase infrared thermography[J]. Journal of Applied Physics, 1996, 79(5): 2694-2698.

[2] 郭兴旺，刘颖韬，郭广平，等. 脉冲相位法及其在复合材料无损检测中的应用[J]. 北京航空航天大学学报，2005, 31(10): 1049-1053.

[3] MALDAGUE X, PATRICK O. Nondestructive testing handbook: infrared and thermal testing[M]. Columbus: The American Society for Nondestructive Testing, 2001.

[4] ZENG Z, TAO N, et al. Developing signal processing method for recognizing defects in metal samples based on heat diffusion properties in sonic infrared image sequences[J]. Optical Engineering 52(6), 061309.

[5] KRIZHEVSKY A , SUTSKEVER I , Hinton G . ImageNet Classification with Deep Convolutional Neural Networks[J]. Advances in Neural Information Processing Systems, 2012, 25(2).

[6] 庄福振，罗平，何清，等. 迁移学习研究进展[J]. 软件学报，2015, 26(1): 26-39.

第9章

基于超声红外锁相热成像技术的裂纹定量评估研究

超声红外热成像技术中的超声激励通常采用的是等幅脉冲信号，其检测原理是通过温度分布或温度变化曲线等温度信息来判定缺陷。本章介绍另一种超声激励方式——调制超声激励，应用该激励的技术称为超声锁相热成像技术。

9.1　超声红外锁相热成像技术基础

超声红外锁相热成像技术是一种利用调制超声激励来检测缺陷的红外热成像技术，该技术具有检测深度大、结果直观、选择性加热等优点，对金属、聚合物和复合材料的裂纹、脱黏和分层等接触界面型缺陷检测效果明显。该技术检测缺陷的基本原理是：经过幅值调制后，超声通过工具杆前端被注入试件，进而传递到试件的缺陷区域。由于缺陷的摩擦生热、滞后作用及热弹性效应，周围温度升高，形成热波。热波向外辐射到试件表面，用红外热成像仪获取试件表面缺陷区域的热信号（红外热像图序列）。接下来，进一步提取热信号的幅值和相位信息，最终根据缺陷区域的温度或相位信息实现对缺陷的检测。超声红外锁相热成像检测基本原理如图 9-1 所示。

超声红外锁相热成像技术能够检测金属、陶瓷与复合材料等多种材料，以及构件表面和亚表面的裂纹、分层、腐蚀和冲击损伤等缺陷，对于大型复杂金属构件的深层缺陷检测优势明显，非常适合对装备整车或零部件的检测。目前，该技术在航空航天、汽车和铁路运输等领域应用广泛。

与超声红外热成像技术相比，该技术具有以下优势。

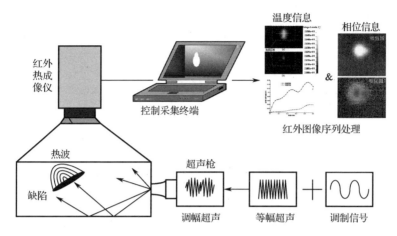

图 9-1　超声红外锁相热成像检测基本原理

（1）能够检测深层缺陷。由于受到热波传递距离的限制，表面热像图并不能直接反映出深层缺陷的存在，而经过锁相处理的表面热像图序列可以将缺陷处的微弱热波信号以相位信息的形式反映出来，即可通过判断热波信号幅值或相位的变化来确定缺陷的存在。热波的频率与调制频率一致，根据热波原理，频率越低热扩散长度越长，探测深度越大。

（2）激励能量比较低。调幅后的激励信号振幅降低，激励能量降低，进行检测时，对试件表面的冲击能量降低，减轻了对试件表面的冲击损伤。

与光锁相热成像技术相比，该技术的优势在于超声激励可以在缺陷处选择性加热，提高了缺陷检测精度。光激励只体现热波传递过程，而超声激励则在缺陷处生热而产生热波，进而将热波传递到试件表面。因此，超声激励实现了对缺陷的选择性加热，检测目的性更强，精度更高。

9.2　超声锁相热成像检测系统构成

9.2.1　系统构成

典型的超声红外锁相热成像检测系统的硬件设备与 2.3 节介绍的超声红外热成像检测系统一致，仅调整超声激励，通过软件控制输出。

9.2.2　试件

试件材料是 45 号钢（C45），通过预制疲劳裂纹的方式获取裂纹缺陷，其物理参数如表 9-1 所示。实验采用的设备为 MTS 810.50T，其最大拉伸荷载为 50 t，如图 9-2（a）所示。图 9-2（b）所示的裂纹张开位移规（或称开口位移规）用来实时监测裂纹的扩展情况。预制过程分为两个步骤：一是进行板材的抗拉实验，得到 45 号钢的抗拉强度为 702 MPa、下屈服强度为 392 MPa，为后续预制裂纹实验中荷载的加载提供理论依据。二是预制裂纹实验。在实验中加载交变荷载（正弦波），同时利用裂纹张开位移规监测裂纹扩展。

表 9-1　45 号钢物理参数

密度/ kg/m³	比热容/ J/（kg·℃）	热传导率/ W/（m·℃）	弹性模量/ GPa	泊松比	电阻率/ Ω·m
7750	480	50.2	210	0.3	1.3e-8

（a）测量实物图　　　　（b）金属平板与裂纹张开位移规

图 9-2　实验设备 MTS 810.50T

图 9-3 给出了被测金属平板示意图。其中，图 9-3（a）两侧大圆孔用于实验装备夹具的夹持，中心小圆孔沿宽度方向（y 方向）切开缺口，用以萌发裂纹，而中心圆孔两侧（x 方向）的四个小圆孔用于固定裂纹张开位移规。接下来，采用线切割方式将金属平板试件按照图 9-3（a）中虚线切割成两个含疲劳裂纹的试件，切割结果如图 9-3（b）所示。图中 A、B、C 分别表示正常区域、裂纹边缘以及裂纹中心三个区域的代表性节点。

按照上述预制方法，制作一系列含 1～10 mm 裂纹的金属平板试件。然而，实际预制出的裂纹长度存在一定误差，为了得到裂纹的真实长度，使用光学显微镜进一步测量。图 9-4（a）为测量裂纹尺寸使用的光学显微镜（Olympus BX41），图 9-4（b）为试件实物。疲劳裂纹是贯穿裂纹，在测量时，需要分别测量平板试件上下两个平面的裂纹长度，然后取均值，将其作为裂纹的实际长度值。试件裂纹长度光学测量结果如表 9-2 所示。

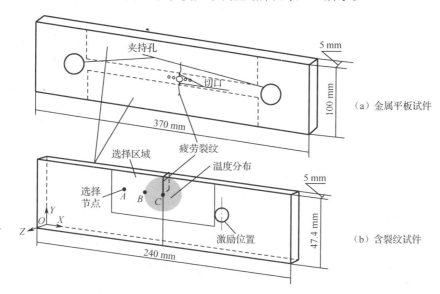

图 9-3　被测金属平板示意图

（a）光学显微镜

（b）试件实物

图 9-4　对疲劳裂纹的光学测量

表 9-2　试件裂纹长度光学测量结果

试 件 编 号	长度/μm	试 件 编 号	长度/μm
01	419.91	03	1986.66
02	1707.41	04	2181.48

续表

试 件 编 号	长度/μm	试 件 编 号	长度/μm
05	3454.42	18	6740.50
06	3474.50	19	6983.00
07	3898.49	20	7071.50
08	4639.50	21	7275.00
09	4866.00	22	7507.79
10	5263.50	23	7930.00
11	5374.71	24	7948.20
12	5477.5	25	8014.54
13	5624.33	26	8014.54
14	6559.11	27	8537.50
15	6570.00	28	9143.00
16	6577.41	29	9301.36
17	6629.00	30	9453.00

9.3　在调制超声激励下的金属平板裂纹检测

9.3.1　实验分析

1．裂纹热信号采集

实验所用含疲劳裂纹的 45 号钢平板结构示意图和实物图如图 9-5 所示。被测平板尺寸为 240 mm×47.4 mm×5 mm，其长边一侧人工预制疲劳裂纹，尺寸为 5 mm×7.95 mm。试件的两端用隔振材料和螺栓夹持固定，隔振材料选择尺寸为 47.4 mm×20 mm×2 mm 的硬纸板，螺栓拧紧时扭转力矩设定为 15 N·m，激励位置偏离中心 50 mm。在测试前，在被测平板表面喷涂黑色亚光漆，以提高表面发射率。

检测条件为激励时间 5 s，调制频率 0.2 Hz，预紧力 5 kgf，激励强度 40%。热成像仪的采集帧频为 30 Hz。检测图 9-5（a）所示的虚线框内区域，选取激励结束时（第 150 帧）裂纹区域的温度分布，如图 9-6 所示。从图中选择大小为 40 像素×40 像素的方形区域。

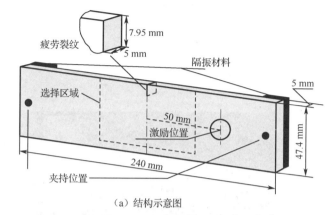

（a）结构示意图

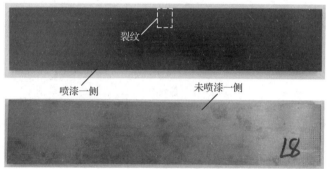

（b）实物图

图 9-5 含裂纹金属平板试件

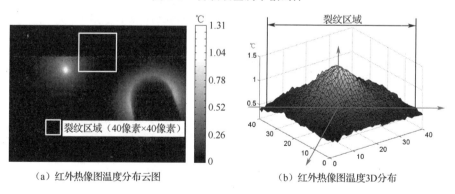

（a）红外热像图温度分布云图 　　　　（b）红外热像图温度3D分布

图 9-6 激励结束时裂纹区域的温度分布

2. 实验结果分析

（1）空间温度分布规律。

将检测条件依次设置为激励强度 25%（用最大输出功率的百分比表示）、

预紧力 10 kgf 和调制频率 1 Hz，按上述超声激励下实验流程进行相关实验，探究裂纹区域温度的空间分布情况。图 9-7 为第 16 帧红外热像图的裂纹区域温度分布图。图 9-7 表明，裂纹生热以裂纹根部为圆心，向外呈圆形辐射分布，中心温度升高值明显高于周围温度升高值。

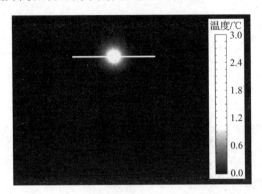

图 9-7　第 16 帧红外热像图的裂纹区域温度分布图

接下来，选取图 9-7 中直线上所有节点的温度升高值，来分析裂纹区域节点温度随时间的变化情况，结果如图 9-8 所示。从图中可以看出，越靠近裂纹中心区域的节点，其温度升高值越大，裂纹两侧区域的节点温度升高值逐渐降低，与图 9-7 所示结果一致。

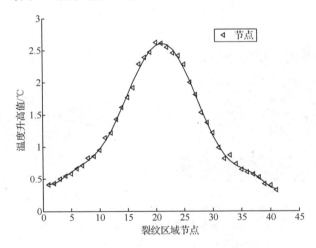

图 9-8　裂纹区域节点温度变化情况

（2）时间温度分布规律。

图 9-3（b）中 *A*、*B*、*C* 三个节点的温度随激励时间变化的曲线，如

图 9-9 所示。结果表明，节点温度升高值随激励时间均呈现出周期性增大的趋势，而且裂纹中心节点的温度升高值最大，周期性也更加明显。

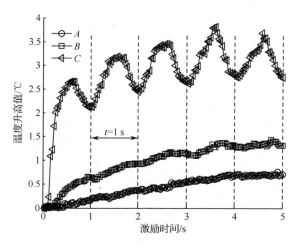

图 9-9　代表性节点温度随激励时间变化的曲线

3. 裂纹面生热

前面的分析从宏观层面给出了金属平板表面温度场的温度分布及变化规律，但裂纹面生热的微观规律仍然无法直接得到。研究表明，如果裂纹面发生摩擦，就会引起裂纹面的损伤，如摩擦、塑性变形及融化等[1]。

为了从微观层面观察裂纹面的生热情况，我们选择裂纹编号为 29 的试件（裂纹长度约 9.3 mm）为实验对象。在实验中，保持预紧力 15～20 kgf 的加载，而且在实验过程中不卸载，持续激励约 150 次。之后，切出一个 20 mm×9.3 mm×5 mm 包含裂纹面的试件，并利用光学显微镜扫描裂纹面的形貌。

图 9-10 给出了试件红外热成像生热和裂纹面的微观形貌。从图 9-10（a）和（b）中可以看出，平板表面的裂纹区域生热比较明显，而且不同的裂纹区域生热效果差异较大，裂纹根部生热效果更好。对比图 9-10（b）和（c），可以看出，裂纹面的摩擦生热位置可以通过断面的损伤情况观察出来，平板表面温度分布比较集中的区域对应的裂纹面上的区域产生了比较明显的熔化、灼伤现象，而且熔化的区域靠近激励一侧。其原因是疲劳裂纹在预制过程中不可控，裂纹面实际上并不是平面，而是不规则的曲面，在摩擦过程中不能保证每个区域都能被接触。此外，由于预紧力的存在，靠近激励同侧的裂纹面更容易接触，进而导致其裂纹面闭合度增加，而靠近激励异侧的裂纹

面闭合度降低。

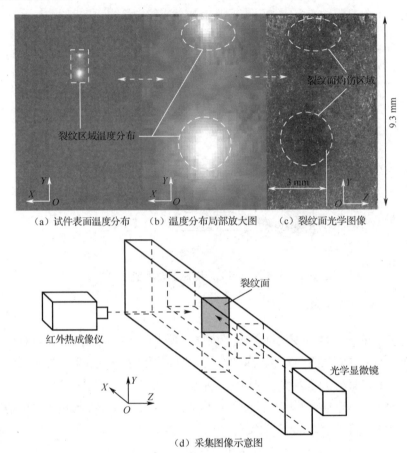

（a）试件表面温度分布　　（b）温度分布局部放大图　　（c）裂纹面光学图像

（d）采集图像示意图

图 9-10　试件红外热成像生热和裂纹面的微观形貌

4．调制频率对温度升高的影响

调制超声激励是将原超声激励进行幅值调制处理得到的，调制后的超声激励幅值将按调制频率呈周期性变化，因此调制频率是超声红外锁相热成像技术中的一个重要检测条件。参照第 5 章的检测方法，我们采用控制变量法，保持预紧力（5 kgf、10 kgf 和 20 kgf）、激励强度（25%）与调制幅值 10%等检测条件不变，调制频率在 0.2～5 Hz 范围内，获取不同调制频率对应的裂纹区域温度升高值，并对数据进行一次曲线拟合，结果如图 9-11 所示。调制频率仅在有限的范围内取值，但依然可以看出，无论预紧力处于哪一个水平，随着调制频率的增大，裂纹区域的温度升高值基本都保持一致。

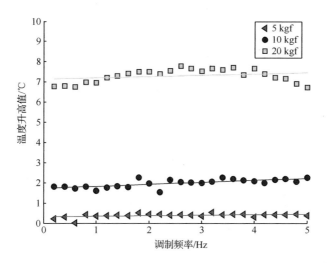

图 9-11　调制频率对裂纹热信号的影响

9.3.2　有限元仿真

1．压电-力类比方法

参照 3.2.1 节的思路，得到压电-力类比方法示意图，如图 9-12 所示。根据压电陶瓷的逆压电效应，在其极化方向上施加电场时会产生机械变形。

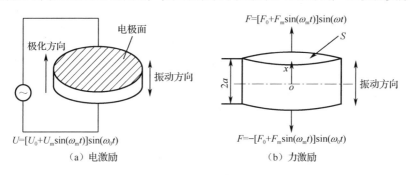

图 9-12　压电-力类比方法示意图

在压电陶瓷片两端加载电激励 U：

$$U = [U_0 + U_m \sin(\omega_m t)] \sin(\omega_0 t) \tag{9-1}$$

式中，U_0 和 U_m 分别表示电压激励的幅值、调制电压激励的幅值，ω_0 和 ω_m 为激励系统角频率和调制角频率。此时，在一定范围内，压电陶瓷片在极化方向的变形量 μ 与电压 U 呈线性关系[2]：

$$\mu = kU = k[U_0 + U_m\sin(\omega_m t)]\sin(\omega_0 t) \tag{9-2}$$

式中，k 为常数。那么，压电陶瓷片的速度 v（沿振动方向）可写成：

$$v = \dot{\mu} = kU_0\omega_0\cos(\omega_0 t) + kU_m[\omega_0\sin(\omega_m t)\cos(\omega_0 t) + \omega_m\sin(\omega_0 t)\cos(\omega_m t)] \tag{9-3}$$

借助压电-力类比方法，在压电陶瓷片两端加载大小相等、方向相反的周期力激励 F：

$$F = [F_0 + F_m\sin(\omega_m t)]\sin(\omega_0 t) \tag{9-4}$$

式中，F_0 和 F_m 分别为加载到压电陶瓷片两端的力激励幅值和调制幅值。压电陶瓷片的纵向振动方程为

$$\rho\frac{\partial^2\mu(x,t)}{\partial t^2} = E\frac{\partial^2\mu(x,t)}{\partial x^2} \tag{9-5}$$

式中，$\mu(x,t)$ 为距离起点 x 处的质点在 t 时刻产生的变形量，ρ 为材料密度，E 为纵向弹性模量。压电陶瓷两端受周期力激励，其边界条件为

$$\begin{cases} \mu(x=0) = 0 \\ E\dfrac{\partial\mu(x=a)}{\partial x} = \dfrac{[F_0 + F_m\sin(\omega_m t)]\sin(\omega_0 t)}{S} \end{cases} \tag{9-6}$$

式中，S 表示压电陶瓷片端面面积。根据式 9-5 和式 9-6，压电陶瓷片的纵向振动位移可以表示为

$$\mu(x,t) = \frac{c}{E\omega_0 S\cos\dfrac{\omega_0 a}{c}}\sin\frac{\omega_0 x}{c}[F_0\sin(\omega_0 t) + F_m\sin(\omega_m t)\sin(\omega_0 t)] \tag{9-7}$$

式中，$c = \sqrt{E/\rho}$，为弹性波沿纵向传播的速度。当 $x=a$ 时，压电陶瓷片沿振动方向的速度方程为

$$v(a,t) = \frac{cF_0}{ES}\tan\left(\frac{\omega_0 a}{c}\right)\cos(\omega_0 t) + \frac{cF_m}{E\omega_0 S}\tan\left(\frac{\omega_0 a}{c}\right)[\omega_0\sin(\omega_m t)\cos(\omega_0 t) + \omega_m\sin(\omega_0 t)\cos(\omega_m t)] \tag{9-8}$$

2. 有限元模型

图 9-13 所示的试件选用 45 号钢金属平板，被测平板尺寸为 240 mm×47.4 mm×5 mm，在长边中间位置有一个 5 mm×10 mm 的裂纹，激励位置偏离平板中心 50 mm。被测金属平板的详细物理参数同表 9-1。

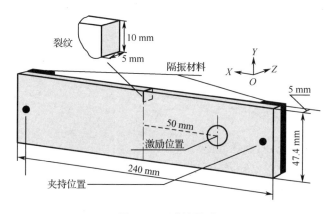

图 9-13　试件尺寸

根据式 9-4，角频率 ω 和频率 f 之间满足 $\omega = 2\pi f$，力激励的表达式可以写成：

$$F = \left[F_0 + F_{\mathrm{m}}\sin(2\pi f_{\mathrm{m}}t)\right]\sin(2\pi f_0 t) \qquad （9-9）$$

式中，加载到节点上的力激励幅值 $F_0 = 50\ \mathrm{N}$，调制幅值 $F_{\mathrm{m}} = 0.5F_0$，系统工作频率 $f_0 = 20\ \mathrm{kHz}$，调制频率 $f_{\mathrm{m}} = 5\ \mathrm{Hz}$。

图 9-14 给出了有限元模型网格划分结果。模型中有 4 片压电陶瓷，依次在压电陶瓷端面的所有节点上加载大小相等、方向相反的力激励。在调幅器振型节点位置添加一个抓环，同时在抓环模型上所有节点施加 z 方向的预紧力 $F_{\mathrm{e}} = 384\ \mathrm{N}$，其他自由度均设置位移约束，平板两端由隔振材料和夹持螺栓固定。

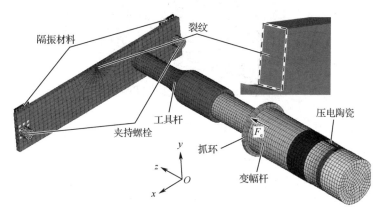

图 9-14　有限元模型网格划分结果

仿真过程分为以下两个步骤。

（1）开启仿真软件的动态松弛功能，不施加力激励，仅在抓环上施加一定预紧力，使工具杆压迫试件而使其产生形变。

（2）在抓环上施加力激励，并将上一步产生的应变作为初始条件，进行仿真分析。

3．有限元结果分析

（1）空间温度分布规律。

为了研究裂纹区域温度的空间分布规律，在仿真中选择被测平板两侧裂纹区域与激励同侧（与超声换能器同一侧）裂纹区域节点（图 9-15 中白实线上节点）的温度升高值进行分析。图 9-15 为激励时间为 0.5 s 时对应裂纹区域温度分布图。从图中可以看出，裂纹区域温度升高明显高于其他正常区域，而且激励同侧的裂纹区域温度分布范围更广，生热更加明显。

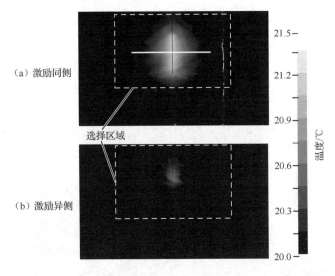

图 9-15　激励时间为 0.5 s 时对应裂纹区域温度分布图

接下来，选择图 9-15（a）中激励同侧裂纹区域直线上（沿 x 方向）的所有节点，分析裂纹区域节点温度升高的变化情况，结果如图 9-16 所示。从图中可以看出，裂纹中心节点的温度升高值最大，而且温度升高值向两侧呈逐渐下降的趋势。

（2）时间温度分布规律。

前面分析了裂纹区域温度的空间分布规律，下面介绍裂纹区域温度的时间分布规律。计算图 9-15 虚线内区域所有节点的温度升高均值，分析裂纹区域节点温度升高均值随激励时间变化的情况，如图 9-17 所示。图 9-17 表明，在调制超声激励作用下，裂纹区域节点的温度升高均值随激励时间呈现出周期性上升的趋势。

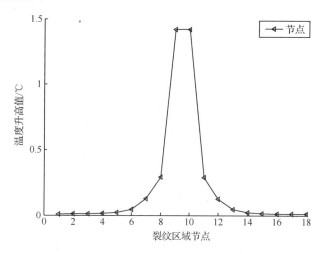

图 9-16　激励同侧裂纹区域沿 x 方向节点温度变化情况

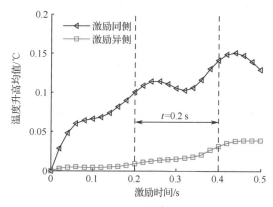

图 9-17　裂纹区域节点温度升高均值随激励时间变化的曲线

图 9-17 中激励同侧温度升高曲线可分解为周期生热和线性生热两部分，如图 9-18 所示。其原因是：根据式 9-4，调制超声激励包含两部分，即高频超声激励和调制超声激励，其分别引起裂纹生热的线性部分和周期部分。前

述研究表明，在高频超声激励作用下，裂纹生热随激励时间呈现出线性升高的特点，与图 9-18（b）结果一致。而在调制超声激励作用下，裂纹生热呈现出周期性变化的特点，如图 9-18（a）所示。

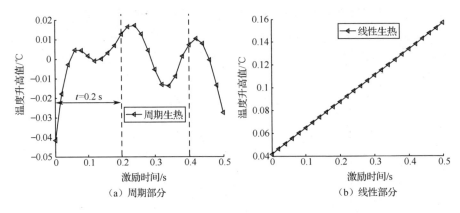

图 9-18　激励同侧裂纹区域生热情况

（3）裂纹面温度分布规律。

对于裂纹生热特性的分析通常都是从裂纹区域温度出发的，探究金属平板表面裂纹区域温度在空间和时间上的分布规律，在本质上是对裂纹传热的研究。而对于裂纹面的内部生热特点，很难直接得到，正如前文所述，如果采用实验方法，就只能将试件破坏并通过光学显微镜观察其裂纹灼伤的情况，以此判断裂纹面的摩擦生热区域。但是，该方法可操作性差，成本比较高，而有限元方法有效地解决了这个问题。除得到裂纹面摩擦生热的空间分布外，有限元方法还可以观察裂纹面上节点的温度随激励时间变化的情况，因此可以实现对裂纹面内部生热规律的全面分析。

图 9-19 为有限元模型中裂纹面温度分布图，给出了裂纹面摩擦生热的有限元分析结果。从图中可以看出，与实验结果类似，裂纹面的生热范围是靠近激励同侧的部分裂纹面区域，并没有覆盖整个裂纹面。其原因有两个方面：一方面，由于预紧力的作用，靠近激励同侧的裂纹面更容易闭合，摩擦生热更明显；另一方面，由于裂纹面在接触-碰撞过程中的塑性变形作用，很多原本接触的节点分离，使摩擦生热无法进行。

图 9-20 进一步给出了有限元模型中裂纹面生热总能量的变化情况。对比图 9-17，可以看出，裂纹面生热总能量与裂纹区域温度的变化趋势类似，从而证明裂纹生热呈现周期性上升这一结论。

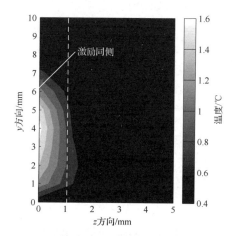

图 9-19 有限元模型中裂纹面温度分布图

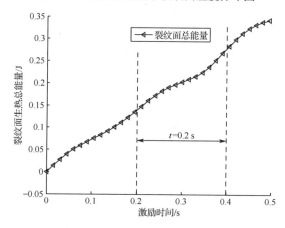

图 9-20 有限元模型中裂纹面生热总能量的变化情况

9.3.3 理论分析

1. 理论模型

前面的分析表明:由于预紧力和节点塑性变形的作用,裂纹面的生热范围主要集中在靠近激励同侧的裂纹面区域(图 9-19 中沿 z 方向 0～1 mm 的裂纹面区域)。为了更加深入地了解裂纹热源的传热特性,我们建立了基于格林函数的传热理论模型。试件依然选择 45 号钢平板,假设平板的厚度为 D,沿厚度方向(z 方向)设置一个贯穿疲劳裂纹,在裂纹面上($\varPi$)由于预紧力和摩擦生热共同作用形成一个深度为 h、长度为 d 的面热源($\varOmega$),如图 9-21 所示。需要明确的是,面热源紧靠上表面(激励同侧),距离上表面为 0 mm，沿 z 轴方向延伸距离 h，距离下表面（激励异侧）距离为 $D-h$。例如，平板厚度 $D=5\,\text{mm}$，而 $h=3\,\text{mm}$，表示面热源与试件上表面的距离为 0 mm，而与下表面的距离为 2 mm。

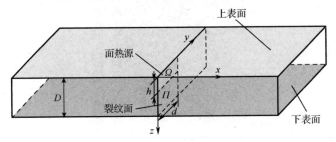

图 9-21 传热理论模型示意图

在模型中，已知金属平板材料的导热率为 λ，比热容为 c，密度为 ρ，热扩散率 $\alpha=\lambda/\rho c$。从前面的分析可知，由于预紧力的存在，在裂纹面 Π（$x=0$）上形成了一个热源区域，即面热源 Ω。那么，在面热源上任一位置 (ε,η,ξ) 任意时刻 τ 的热量为 $Q=g(\varepsilon,\eta,\xi,\tau)$。由于平板足够大，可以将其视为半无限大平板，在不考虑平板与外界进行热交换的前提下，上述问题可以通过 4.3.1 节中式 4-11 至式 4-22 的描述，分析裂纹面的热源分布在已知情况下裂纹区域温度场随时间和空间变化的规律。

2．理论结果分析

在进行理论计算时，试件的结构参数设置为 $D=5\,\text{mm}$，$h=2\,\text{mm}$，$d=10\,\text{mm}$。而根据图 9-20 所示仿真结果，利用裂纹面生热总能量、生热时间及裂纹面的面积可以近似估算出面热源生热率的幅值为 $1\times10^{5}\,\text{W/m}^{2}$。而从上节的分析可知，裂纹生热由周期和线性两部分组成，因此模拟面热源的生热率可以表示为

$$Q=1\times10^{5}[1+\sin(2\pi ft)] \tag{9-10}$$

式中，调制频率 $f=5\,\text{Hz}$，求解时间（对应实验中的激励时间）$t=0.5\,\text{s}$，而金属平板的其他物理参数参考表 9-1 选取。

（1）空间温度分布规律。

与有限元仿真类似，选择理论求解结束时模型上表面与下表面温度分布情况进行分析，其结果如图 9-22 所示，图中颜色越亮的区域温度越高。从图中可以看出，无论是被测平板的上表面还是下表面，裂纹热源均以裂纹为中心，向四周逐渐扩散传播，而且温度逐渐降低，上表面裂纹区域的温度升高

值明显高于下表面。

　　选取图 9-22 中白实线上的所有节点,观察裂纹区域节点的温度升高变化情况。图 9-23 为上表面裂纹区域沿 x 方向节点温度变化情况。图 9-23 与图 9-8、图 9-16 显示的变化趋势类似,温度升高值都以裂纹为中心,向两侧逐渐降低。这充分说明裂纹作为热源的存在,利用选择性加热这一特性,超声红外锁相热成像技术实现了对裂纹等缺陷的检测和识别。

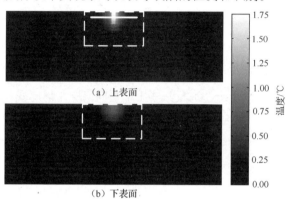

图 9-22　0.5 s 时裂纹区域温度分布的理论计算结果

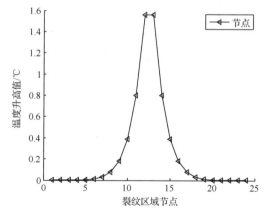

图 9-23　上表面裂纹区域沿 x 方向节点温度变化情况

（2）时间温度分布规律。

　　为了探究裂纹热源随激励时间变化的情况,选择图 9-22 所示虚线范围内上表面与下表面裂纹区域温度升高均值进行分析,上表面与下表面裂纹区域温度升高值曲线如图 9-24 所示。从图中可以看出,裂纹区域温度升高值随激励时间呈周期性上升的趋势,而且上表面的温度升高值明显高于下表面,理论结果与有限元分析结果吻合。

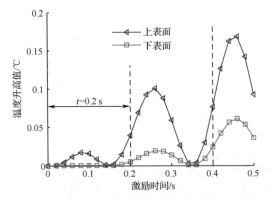

图 9-24　裂纹区域节点温度升高均值随激励时间变化的情况

　　采取有限元分析方法，将图 9-24 中上表面温度升高曲线分解，得到了裂纹区域温度升高曲线由周期和线性两部分组成，如图 9-25 所示。需要明确的是：虽然理论模型中没有裂纹生热过程，但能将裂纹传热过程（裂纹区域温度升高曲线）分解为两部分，而且与有限元仿真结果一致，也证明了该理论模型的有效性。

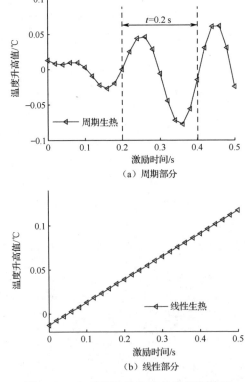

（a）周期部分

（b）线性部分

图 9-25　上表面温度升高曲线分解结果

（3）裂纹热源深度估计。

有限元和理论分析结果表明，由于预紧力和塑性变形的作用，裂纹摩擦生热区域集中在靠近激励同侧的裂纹面，造成了传递到平板两侧裂纹区域热量的差异，如图 9-15、图 9-17 和图 9-22、图 9-24 所示，而这种差异主要受裂纹热源深度 h 的影响。具体来说，其他条件固定，裂纹热源深度 h 分别与模型上表面与下表面裂纹区域温度升高呈现出单调变化关系，如图 9-26 所示。

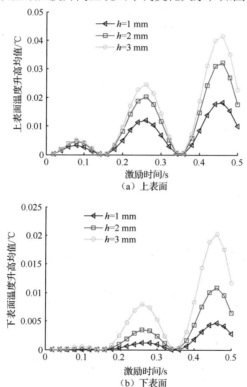

图 9-26　不同热源深度的表面平均温度升高值曲线

进一步定义理论模型中下表面与上表面裂纹区域温度升高值的比值 p，用来表征裂纹热源的深度。其表达式为

$$p = \frac{T_{\text{oppo}}}{T_{\text{top}}} \tag{9-11}$$

式中，T_{top} 和 T_{oppo} 分别表示图 9-26 中上表面和下表面裂纹区域温度升高均值曲线。

根据式 9-11 计算出理论模型中不同裂纹热源深度（$h = 1\,\text{mm}$，$h = 2\,\text{mm}$，$h = 3\,\text{mm}$）和有限元仿真的 p 值随激励时间变化的曲线，结果如

图 9-27 所示。从图中可以看出，随着热源深度的增加，p 值逐渐增大，说明热源深度变大，传递到下表面的热量逐渐增多，而传递到上表面的热量逐渐减少。此外，图中有限元仿真结果与热源深度为 1 mm 的理论结果基本一致，由此可以推断出有限元仿真中的裂纹热源深度大约为 1 mm（$h=1\,\text{mm}$），与图 9-19 所示裂纹面摩擦生热范围基本吻合，从而验证了估计结果的正确性。

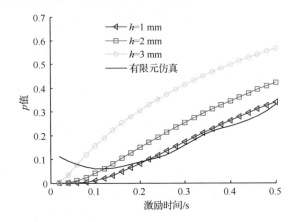

图 9-27　p 值随激励时间变化的曲线

9.4　在调制超声激励下的裂纹热源重构

红外热像图增强方法可以从试件表面温度出发提高缺陷的对比度，增强缺陷检出能力，但对于缺陷的定量化识别显得力不从心，这就需要引入辅助缺陷检测的另一种手段——缺陷识别方法。

对于金属平板裂纹来说，裂纹识别包括对裂纹的形貌和位置等定量化信息的获取。通常来说，裂纹检测只能获取裂纹区域温度分布情况，无法直接确定裂纹面的摩擦生热区域（除非将裂纹面分离，直接观察裂纹面摩擦生热情况，但在实际检测中并不可取），很难对检测做出定量化的结论（裂纹形貌和位置）。裂纹重构方法为裂纹识别提供了另外一种解决思路，即通过已知裂纹区域的温度分布重构得到裂纹的形貌和位置。此外，由于裂纹面生热是局部区域，想要从生热分析中重构出裂纹形貌和位置信息，必须真正了解裂纹面接触部分的重构，即裂纹热源的重构。

国内外许多学者已经开展了一些关于裂纹热源重构的研究，并取得了一些成果。特别是从 2009 年开始，西班牙巴斯克大学的 A. Mendioroz 等人利用超声红外锁相热成像技术开展了一系列定量化和缺陷识别工作，构建了含裂纹金属平板的三维传热理论模型，探索了裂纹区域温度分布规律，同时利用正则化方法对重构裂纹形貌的反问题进行求解，最后基于实验数据验证了该方法的有效性[3-5]。然而，上述传热模型没有考虑时间变量，仅得到固定的积分算子和温度分布，与实际情况不符。在检测时，裂纹区域的温度分布与积分算子（后面详细介绍）是一一对应的，温度分布随时间动态变化，积分算子必然也随之动态变化。

针对上述问题，我们引入正反问题研究思路，从热源正向求解裂纹区域温度分布问题，从裂纹区域温度分布反向求解裂纹热源问题。我们在 A. Mendioroz 等人工作的基础上，以含疲劳裂纹的 45 号钢平板试件为研究对象，建立了包含三维坐标及时间变量的传热理论模型，探索裂纹区域温度在空间和时间上的分布特点，进一步利用吉洪诺夫正则化方法和已知试件表面温度分布，通过反向求解得到裂纹接触面热源形貌和位置，实现对反问题的求解。研究结果可以提高对裂纹检测的定量化识别能力，同时为超声红外锁相热成像技术的缺陷识别研究奠定理论基础。

9.4.1　理论基础

1. 正则化原理

1963 年，吉洪诺夫在求解不适定问题时提出了开创性的正则化方法，为反问题的求解奠定了理论基础[6]。

第一类算子：

$$Az = u, \quad u \in U, \quad z \in F \qquad (9\text{-}12)$$

式中，A 是从 F 到 U 的连续算子，其单值逆算子 A^{-1} 存在但不连续，相当于适定性条件的存在性和唯一性满足，而稳定性不一定满足[7]，即不适定性是由于逆算子 A^{-1} 在 U 空间上不连续引起的，从而求解该方程是一个不适定问题。

设方程的准确形式为

$$Az_T = u_T, \quad u_T \in U, \quad z_T \in F \qquad (9\text{-}13)$$

通常来说，准确解 z_T 无法直接求出，只能求解它的近似解 z_δ。在实际处理中，用含有误差水平 $\delta \geq 0$ 的近似右端项 u_δ 表示，将方程改写为

$$Az_\delta = u_\delta, \quad u_\delta \in U, z_\delta \in F \qquad (9\text{-}14)$$

吉洪诺夫提出用正则化算子 $R(u_\delta, \alpha)$ 给出方程近似解的思想，其中正则化参数 $\alpha = \alpha(\delta)$ 与原始数据的误差水平 δ 有关。若 $\rho_U(u_T, u_\delta) \leq \delta$，可以认为

z_δ 是式 9-14 的近似解，那么称这个解为式 9-12 的正则解。判定算子为式 9-12 的正则化算子的一个充分条件是：

$$\lim_{\alpha \to 0} R(Az, \alpha) = z, \forall z \in F \qquad (9\text{-}15)$$

因此，寻求原问题（式 9-12）的稳定近似解的过程可归结为构造正则化算子 $R(u_\delta, \alpha)$，以及选择正则化参数 $\alpha = \alpha(\delta)$，同时使之满足原始数据的误差水平。

吉洪诺夫通过引入展平泛函 $M^\alpha[z,u]$ 来构造正则化算子，其表达式为

$$M^\alpha[z,u] = \rho_U^2(Az,u) + \alpha \Omega[z], \quad u \in U, z \in F_1 \subset F \qquad (9\text{-}16)$$

式中，F_1 是 F 的稠子集，$\Omega[z]$ 是定义在 F_1 上的非负连续泛函，称为稳定泛函。

2. 迭代吉洪诺夫正则化

按照吉洪诺夫正则化思想[7]，正则解 $x_{\delta,\alpha}$ 作为精确解 $x_T = A^+ y$ 的近似解，可以通过下式得到：

$$(A^* A + \alpha I) x_{\delta,\alpha} = A^* y_\delta \qquad (9\text{-}17)$$

式中，A^* 是 A 的伴随算子，而 A^+ 是 A 的穆尔-彭罗斯（Moore-Penrose）广义逆。如果正则化参数 $\alpha = \alpha(\delta)$ 具有先验性质，如

$$\lim_{\delta \to 0} \alpha(\delta) = 0, \quad \lim_{\delta \to 0} \delta^2 / \alpha(\delta) = 0 \qquad (9\text{-}18)$$

则

$$\lim_{\delta \to 0} \left\| x_{\delta,\alpha(\delta)} - A^+ y \right\| = 0 \qquad (9\text{-}19)$$

此外，若对右端项施加光滑性条件，如

$$A^+ y \in \Re((A^* A)^\nu), 0 < \nu \leqslant 1 \qquad (9\text{-}20)$$

而且 α 满足先验性条件

$$\alpha(\delta) = c \delta^{\frac{2\nu}{2\nu+1}}, c > 0 \qquad (9\text{-}21)$$

则可获得收敛速度：

$$\left\| x_{\delta,\alpha(\delta)} - A^+ y \right\| = O(\delta^{\frac{2\nu}{2\nu+1}}) \qquad (9\text{-}22)$$

式中，在 $\nu = 1$ 时得到最优收敛速度，而且不可改进[8,9]。

迭代吉洪诺夫正则化方法提供了获得更高阶收敛速度的方法，其定义如下：

$$\begin{cases} x_{\delta,\alpha}^0 = 0 \\ (A^* A + \alpha I) x_{\delta,\alpha}^i = A^* y_\delta + \alpha x_{\delta,\alpha}^{i-1}, \quad i = 1, 2, \cdots, n \end{cases} \qquad (9\text{-}23)$$

在实际计算中采用以下方式：

$$\begin{cases} z_{\delta,\alpha}^0 = 0 \\ (AA^* + \alpha I)z_{\delta,\alpha}^i = y_\delta + \alpha z_{\delta,\alpha}^{i-1} \\ x_{\delta,\alpha}^i = A^* z_{\delta,\alpha}^i \end{cases} \qquad （9\text{-}24）$$

如果光滑性条件

$$A^+ y \in \Re((A^* A)^v), 0 < v \leqslant n \qquad （9\text{-}25）$$

可以满足，而且按先验性条件

$$\alpha(\delta) = c\delta^{\frac{2}{2v+1}}, c > 0 \qquad （9\text{-}26）$$

选择参数，则按迭代吉洪诺夫正则化方法产生的点列 $\{x_{\alpha,\delta}^i\}$ 收敛速度为

$$\left\| x_{\delta,\alpha(\delta)}^i - A^+ y \right\| = O\left(\delta^{\frac{2v}{2v+1}} \right) \qquad （9\text{-}27）$$

而且，最佳收敛速度在 $v = n$ 时达到 $O\left(\delta^{\frac{2v}{2v+1}} \right)$。

然而，我们不能按照式 9-27 来决定正则化参数，因为参数 v 依赖待求解 $A^+ y$。此时，引入 Morozov 偏差原则，其表达式如下：

$$\left\| Ax_{\delta,\alpha} - y_\delta \right\|^2 = \delta^2 \qquad （9\text{-}28）$$

此时，迭代吉洪诺夫正则化方法的最优收敛阶在 $v = \dfrac{1}{2}$ 达到，即 $O(\delta^{\frac{1}{2}})$。

3. Morozov 偏差原则

Morozov 偏差原则是一种获取或近似得到误差水平 $\alpha = \alpha(\delta)$ 的后验选择策略。选择正则化参数的过程，就是选择 $\alpha = \alpha(\delta)$，使相应的吉洪诺夫正则解 $x_{\delta,\alpha}$（即式 9-17 的唯一解）满足式 9-28。若 y、y_δ 满足 $\|y - y_\delta\| \leqslant \delta \leqslant \|y\|$，则关于 $\alpha = \alpha(\delta)$ 的式 9-17 的唯一解存在。

Morozov 偏差原则的实现过程如下：

假设

$$F(\alpha) = \left\| Ax_{\delta,\alpha} - y_\delta \right\|^2 - \delta^2 \qquad （9\text{-}29）$$

那么，偏差方程式 9-28 转换为求解式 9-29 所定义的 $F(\alpha)$ 的零点，可以利用牛顿法。其迭代格式为

$$\alpha_{n+1} = \alpha_n - \frac{F(\alpha_n)}{F'(\alpha_n)} \qquad （9\text{-}30）$$

对式 9-17 的两端关于 α 求导，得到关于 $\dfrac{\mathrm{d}x_{\delta,\alpha}}{\mathrm{d}\alpha}$ 的方程：

$$A^* A \frac{\mathrm{d}x_{\delta,\alpha}}{\mathrm{d}\alpha} + \alpha \frac{\mathrm{d}x_{\delta,\alpha}}{\mathrm{d}\alpha} = -x_{\delta,\alpha} \qquad （9\text{-}31）$$

那么，

$$F'(\alpha) = 2\alpha \left\| A \frac{\mathrm{d}x_{\delta,\alpha}}{\mathrm{d}\alpha} \right\|^2 + 2\alpha^2 \left\| \frac{\mathrm{d}x_{\delta,\alpha}}{\mathrm{d}\alpha} \right\|^2 \qquad (9\text{-}32)$$

在求解时，给定初始化正则化参数 α_0 和指定精度 δ，逐次迭代计算，若 $\alpha_{n+1} - \alpha_n < \delta$，则计算终止，否则进入下一步的迭代计算。

4．正问题与反问题

按照 J. B. Keller 的提法，假设有两个问题，一个问题的表述或处理涉及或包含另一个问题的全部或部分知识，则称一个问题为正问题，另一个问题为反问题[10]。本节中的正问题为已知热源位置、强度等信息，求解试件的表面温度分布情况；而反问题是已知试件的表面温度分布，反向求解裂纹热源的形貌特征。

（1）正问题。

本节首先建立一个传热理论模型，如图 9-28 所示。假设厚度为 D 的半无限大平板，其中侧面存在一个贯穿裂纹，裂纹面 $\varPi$ 尺寸为 $D \times l$。根据 9.3.3 节的分析结果，预紧力和摩擦生热共同作用形成了（接触）尺寸为 $h \times d$ 的热源区域 $\varOmega$。

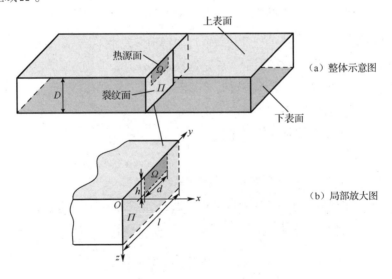

图 9-28　传热理论模型

已知导热率为 λ，密度为 ρ，比热容为 c，热扩散率 $\alpha = \lambda/\rho c$，热源区域上任意一点 $(0, \eta, \xi)$ 在任意时刻 τ 的热量为 $Q = g(0, \eta, \xi, \tau)$。不考虑平板与

外界的热交换，那么，试件上任意一点 (x,y,z) 的温度分布可以表示为

$$T(x,y,z,t) = T_0(x,y,z) + \frac{\alpha}{\lambda}\int_{\tau=0}^{t} d\tau \int_0^h \int_0^d G(x,y,z,t|0,\eta,\xi,\tau) Q(0,\eta,\xi,\tau) d\eta d\xi$$

（9-33）

式中，(x,y,z) 表示试件表面节点，$(0,\eta,\xi)$ 表示热源面节点，在热源转化到温度分布的过程中采用镜像法格林函数，镜像的次数为 n。格林函数表示为

$$G(x,y,z,t|0,\eta,\xi,\tau) = \frac{1}{[4\alpha\pi(t-\tau)]^{3/2}} \sum_{n=-\infty}^{+\infty} \left\{ \begin{array}{l} \exp\left[-\dfrac{x^2+(y-\eta)^2+(z-\xi-2nD)^2}{4\alpha(t-\tau)}\right] + \\[2mm] \exp\left[-\dfrac{x^2+(y-\eta)^2+(z+\xi-2nD)^2}{4\alpha(t-\tau)}\right] + \\[2mm] \exp\left[-\dfrac{x^2+(y+\eta)^2+(z-\xi-2nD)^2}{4\alpha(t-\tau)}\right] + \\[2mm] \exp\left[-\dfrac{x^2+(y+\eta)^2+(z+\xi-2nD)^2}{4\alpha(t-\tau)}\right] \end{array} \right\}$$

（9-34）

在试件表面（$z=0$），任意时刻的表面温度分布可以表示为

$$T(x,y,0,t) = T_0(x,y,0) + \frac{\alpha}{\lambda}\int_{\tau=0}^{t} d\tau \int_0^h \int_0^d G(x,y,0,t|0,\eta,\xi,\tau) Q(0,\eta,\xi,\tau) d\eta d\xi$$

（9-35）

至此，根据式 9-35，已知裂纹热源，可以获得裂纹区域温度在时间和空间上的分布规律。需要明确的是，为保证式 9-35 运算正确，在利用式 9-34 求解节点温度的分布时，节点的坐标应该在热源区域 Ω 之外。

（2）反问题。

热源 Q 可以用热源区域面积 Ω 和热流强度 I 的乘积表示，即

$$Q(\varepsilon,\eta,\xi) = \Omega(\varepsilon,\eta,\xi) I \qquad (9\text{-}36)$$

而温度分布求解满足第一类弗雷德霍姆积分方程：

$$T(x,y,0,t) = T_0(x,y,0) + \frac{\alpha}{\lambda}\int_{\tau=0}^{t} d\tau \int_0^h \int_0^d G(x,y,0,t|\varepsilon=0,\eta,\xi,\tau) Q(\varepsilon=0,\eta,\xi,\tau) d\eta d\xi$$

$$= T_0(x,y,0) + \frac{\alpha}{\lambda}\int_{\tau=0}^{t} d\tau \int_0^h \int_0^d G(x,y,0,t|\varepsilon=0,\eta,\xi,\tau) I\Omega(\varepsilon=0,\eta,\xi,\tau) d\eta d\xi$$

（9-37）

$\Delta T(x,y,0,t) = T(x,y,0,t) - T_0(x,y,0)$ 表示在试件表面任意一点 (x,y,z) 任意时刻 t 的温度升高。式 9-37 可以进一步表示为

$$\Delta T(x,y,0,t) = \frac{\alpha}{\lambda}\int_{\tau=0}^{t}\mathrm{d}\tau\int_{0}^{h}\int_{0}^{d}G\left(x,y,0,t\mid\varepsilon=0,\eta,\xi,\tau\right)I\Omega(\varepsilon=0,\eta,\xi,\tau)\mathrm{d}\eta\mathrm{d}\xi$$

$$= \frac{\alpha}{\lambda}IA\left[\Omega(0,\eta,\xi)\right] = \frac{\alpha}{\lambda}A\left[Q(0,\eta,\xi)\right]$$

（9-38）

式中，A 表示积分算子。热源 Q 是积分面积 Ω 和热源强度 I 计算出的精确解，而数据在实际检测过程中受到噪声影响，热源只能通过含噪声的温度分布数据进行重构。将式 9-38 进一步表达为

$$A[Q^{\delta}] = I^{\delta}A\left[\Omega^{\delta}\right] \approx \Delta T^{\delta}$$

（9-39）

式中，噪声水平 δ 满足 $\delta^2 = \left\|\Delta T^{\delta} - \Delta T\right\|^2$。该问题可以被理解为最小化问题，为了找到热源，利用最小化的平方残差求解：

$$R^2 = \left\|\Delta T^{\mathrm{calc}}(I^{\delta}\Omega^{\delta}) - \Delta T^{\delta}\right\|^2$$

（9-40）

这个最小化过程需要离散化，由于不适定（可能出现过拟合现象），需要进行正则化。在最小化过程中，需要增加规范和惩罚项来保持方程的稳定。其中，正则化参数为 α，正则化函数为 J，式 9-40 可以进一步表示为

$$R_{\alpha} = \alpha J(\Omega^{\delta,\alpha}) + \left\|\Delta T^{\mathrm{calc}}(I^{\delta,\alpha}\Omega^{\delta,\alpha}) - \Delta T^{\delta}\right\|^2$$

（9-41）

正则化参数的高值进行稳定转化是以求解过程中的较大误差为代价的。参数值越小，误差越小，但转化越不稳定。因此，需要找到一个合适的值。这里采用的方法是，开始使用一个相当大的稳定参数，在每一步迭代中将参数逐步降低，当残差达到指定精度时终止迭代（Morozov 偏差原则），此方法可以避免数据过度拟合。

9.4.2 解析数据分析

1. 温度分布情况

设定试件的厚度为 5 mm（对应后面的实验数据）。根据前述研究结果，模拟面热源区域近似为 2 mm×2.5 mm，而面热源幅值可依据经验设为 $1×10^5$。根据 9.3.3 节的分析可知，裂纹生热分为周期和线性两部分，因此面热源可以写成

$$Q = 1×10^5\left[1 + \sin(2\pi ft)\right]$$

（9-42）

式中，调制频率 $f = 5$ Hz，求解时间（对应实验中的激励时间 $t = 0.5$ s），采样频率为 30 Hz。被测平板的其他物理参数参考表 9-1 选取。

利用上述理论模型进行热源的传热分析，根据式 9-38 可知，模拟裂纹区

域空间、时间和温度分布情况（含 5%白噪声）如图 9-29 所示。图 9-29（a）
为在激励时间 0.5 s 时试件表面（$z=0$）10 mm×10 mm 裂纹区域的温度分布
情况，含有 5%的白噪声。从图中可以看出，裂纹区域温度呈环形分布，而
且温度升高呈现出向四周逐渐降低的趋势。图 9-29（b）给出了裂纹区域温
度升高自然对数的三维分布情况，从图中可以看出，裂纹位置的值最大，而
且呈现出与温度升高类似的变化趋势。图 9-29（c）进一步给出了图 9-29（a）
直线上所有节点的温度变化情况，以裂纹为中心，沿 x 方向，温度升高值呈
现出向两侧逐渐降低的趋势。

　　本节建立的传热模型包含时间变量，为进一步了解裂纹区域温度升高的
时间分布情况，选择图 9-29（a）裂纹区域中心节点，分析其温度升高值随
时间变化的情况，结果如图 9-29（d）所示。从图中可以看出，与式 9-41 类
似，中心节点温度升高值随激励时间呈现出周期性变化的趋势，其周期为 0.2 s。

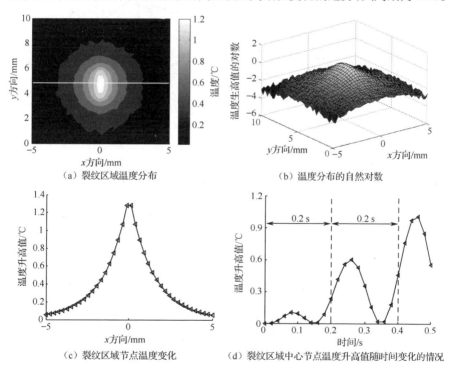

（a）裂纹区域温度分布　　　　　　　　（b）温度分布的自然对数

（c）裂纹区域节点温度变化　　　　（d）裂纹区域中心节点温度升高值随时间变化的情况

图 9-29　模拟裂纹区域空间、时间和温度分布情况（含 5%白噪声）

2．裂纹重构结果

本节研究的重点是从正问题和反问题两个方面探究裂纹区域温度升高

的时空分布和裂纹热源的重构过程。9.3.3 节给出了传热模型的正问题求解结果，采用迭代吉洪诺夫正则化方法进行反问题求解，具体流程如下：

（1）初始化正则化参数 $\alpha_0 = 0.1$ 和指定精度 $\delta = 0.001$ 。

（2）求解图 9-29（a）中裂纹区域温度分布的对数，得到如图 9-29（b）所示的温度分布的对数形式（ $\ln \Delta T$ ），将其作为重构热源的输入。

（3）根据式 9-17 和式 9-30 分别求解，得到初步重构裂纹热源 Q_n 和下一个正则化参数 α_{n+1} 。

（4）判定 $|\alpha_{n+1} - \alpha_n|$ 是否满足条件，如果 $|\alpha_{n+1} - \alpha_n| < \delta$ ，那么求解结束，得到理想的重构热源 Q ；否则返回，继续求解下一个裂纹热源 Q_{n+1} ，直到满足条件为止。

裂纹热源重构流程如图 9-30 所示。

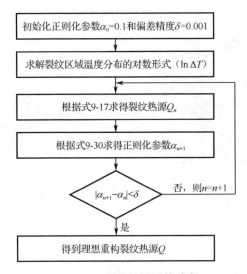

图 9-30　裂纹热源重构流程

为评估结果的可靠性，本节引入评价重构效果的定量化指标[4]，并对该指标进行了改进，将其分母中的重构热源节点（初始热源的区域内）个数修改为初始热源节点个数。新的指标 H 定义为

$$H = \frac{\sum_{i=1}^{U} \Omega_i^{\delta,\alpha} - \sum_{j=1}^{V} \Omega_j^{\delta,\alpha}}{W} \tag{9-43}$$

式中，U 为图 9-31（c）方形框内重构热源节点个数，V 为图 9-31（c）方形框外重构热源节点个数，W 为图 9-31（a）方形框内初始热源节点个数。与

正问题求解一样，根据人工经验，噪声水平依然设置为 5%。从图中可以明显看出，当 H=1 时，说明裂纹被完美重构出来，H 值越小，说明重构效果越差。

图 9-31 给出了解析数据裂纹热源的重构结果。其中，在二值化处理前，首先对重构结果进行归一化处理，二值化处理阈值设为 0.7。图 9-31（a）是标准热源，其分布范围是 y 方向 3.5～6 mm（中心位置 4.75 mm），而 z 方向为 0～2 mm。从图 9-31（b）可以看出，重构结果可以反映出裂纹热源的分布趋势，但精度有待进一步提高。图 9-31（c）为二值化处理后的结果，更加清晰，能够直观反映出裂纹热源的整体形貌，其分布范围 y 方向为 2～8 mm（中心位置 5 mm），而 z 方向为 0～2 mm，其重构结果 H 值为 0.15，说明基本重构出了标准热源的形貌特征及位置信息。

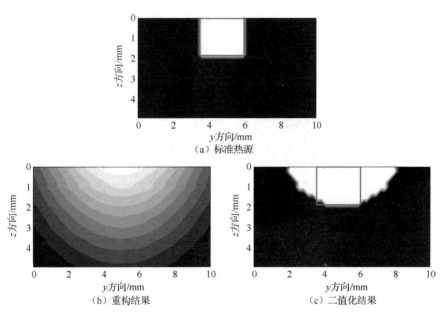

（a）标准热源

（b）重构结果

（c）二值化结果

图 9-31 解析数据裂纹热源重构结果（H=0.15）

9.4.3 实验数据分析

以上是分析解析数据得到的结果，本节主要从实验角度出发探讨裂纹热源的重构过程。在实验中，以含疲劳裂纹的 45 号钢金属平板作为试件，其结构示意图和实物图参见图 9-5。

1. 裂纹区域温度分布

图 9-32（a）为激励时间为 0.5 s 时裂纹区域温度在空间上的分布情况（x 方向为 -5～5 mm，y 方向为 0～10 mm），可以看出与解析结果类似，裂纹区域温度呈环形分布，而且温度升高值以裂纹底部为圆心向周围逐渐递减。图 9-32（b）为温度分布的自然对数三维展开，其趋势与温度分布类似。裂纹长度方向（y 方向）中心为 4.75 mm，与热源对应，选择 y=4.75 mm 上所有节点，进一步观察不同节点上温度的变化情况，结果如图 9-32（c）所示。从图中看出，越靠近裂纹中心的位置生热效果越好。图 9-32（d）表示图 9-32（a）所示裂纹区域中心节点温度升高值随时间变化的情况，可以看出节点温度升高值随时间呈周期性增大的趋势，其生热周期为 0.2 s。然而，对比图 9-29（d），可以看出实验中的温度升高值曲线差异较大。这是由于传热理论模型仅模拟出了热源传热过程，而实验数据包含生热和传热两个过程。生热过程为表面持续不断地补充热量，因此温度升高值持续上升。

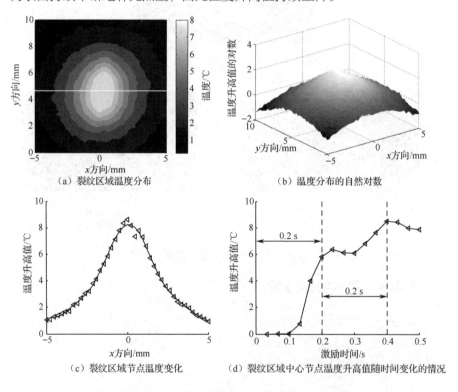

（a）裂纹区域温度分布

（b）温度分布的自然对数

（c）裂纹区域节点温度变化

（d）裂纹区域中心节点温度升高值随时间变化的情况

图 9-32　实验裂纹区域空间、时间和温度分布情况

2．裂纹热源重构结果

按照解析数据分析方法，对实验数据结果进行反向求解，观察裂纹热源的重构结果，如图 9-33 所示，其热源重构和二值化结果与图 9-31 类似。其中，图 9-33（a）是标准热源，图 9-33（b）为重构热源的分布情况，其形貌只能反映出标准热源的整体变化趋势，而图 9-33（c）更加清晰地给出了重构后裂纹热源的形貌（二值化结果），其 H 值为 0.1。从图中可以看出，重构热源靠近激励一侧（$z \leqslant 2\,\mathrm{mm}$），而且位移到裂纹长度方向中间偏下位置（裂纹长度为 7.95 mm，重构热源中心坐标 y=4.75 mm），与前期研究结果一致，实验结果与模拟结果比较吻合，从而验证了重构模型的有效性。

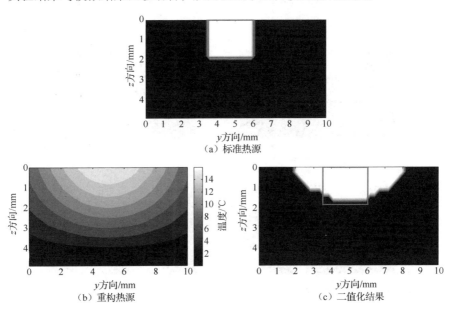

图 9-33　实验数据裂纹热源重构结果（H=0.1）

3．积分算子的影响

在实验中，裂纹生热和传热受到环境、仪器设备、超声激励与裂纹生热同步性等因素的影响，其温度随时间变化的情况与解析数据存在很大的误差，在计算反问题时，积分算子显得尤为重要。需要明确的是，在模拟计算时，不同时刻的积分算子必然导致不同的温度分布结果，对于实验数据也是如此，因此有必要研究不同时刻积分算子的影响。图 9-34（b）～（f）给出了在 0.1 s、0.2 s、0.3 s、0.4 s 和 0.5 s 时刻对应积分算子重构出的热源形貌，

其对应的 H 值依次为 0.60、0.55、0.43、0.23 和 0.10。在重构时，选择实验同一激励时刻（0.5 s）对应的裂纹区域温度分布。从图中可以看出，不同的积分算子对热源重构的结果影响很大，随着激励时间的增加，重构效果越来越差。由此可知，在实际检测过程中，需要谨慎选择实验温度与模拟积分算子，以确保最终热源形貌能够被更加准确地复原。

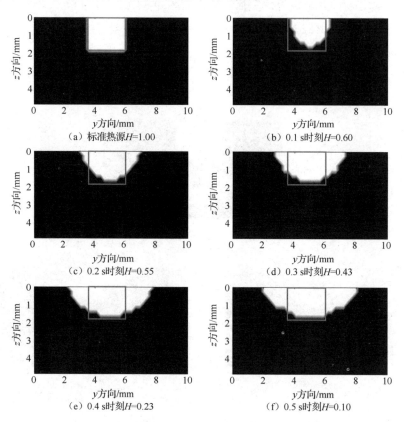

图 9-34　不同时刻积分算子的裂纹识别结果

9.5　本章小结

本章在阐述超声红外锁相热成像技术的基础上，介绍了检测系统的组成，进一步通过仿真和实验分析了在调制超声激励下的金属平板裂纹检测，并通过对正反问题的研究，实现了对调制超声激励下的裂纹热源的重构。

参考文献

[1] RENSHAW J, CHEN J, HOLLAND S, et al. The sources of heat generation in vibrothermography [J]. NDT & E International, 2011, 44: 736-739.

[2] 许韦华，鲍海，杨以涵，等. 基于压电陶瓷逆压电效应的电压信号变送原理[J]. 电力系统自动化，2010, 34(4):80-83.

[3] SALAZAR A, MENDIOROZ A, APIÑANIZ E, et al. Characterization of delaminations by lock-in Vibrothermography[C]. ICPPP15, 2010.

[4] MENDIOROZ A, CASTELO A, CELORRIO R, et al., Characterization and spatial resolution of cracks using lock-in vibrothermography[J]. NDT&E International, 2014 (66) 8-15.

[5] CASTELO A, MENDIOROZ A, CELORRIO R, et al. Optimizing the inversion protocol to determine the geometry of vertical cracks from lock-in vibrothermography[J]. Nondestruct Eval, 2017 , 36 (1):3.

[6] TIKHONOV A N. On solving incorrectly posed problems and method of regularization[J]. Dokl. Acad. Nauk USSR, 1963, 151(3).

[7] 肖庭延，于慎根，王彦飞. 反问题的数值解法[M]. 北京：科学出版社，2003.

[8] ENGL H W, HANKE M, NEUBAUER A. Regularization of Inverse Problems[M]. Dordrecht:Kluwer, 1996.

[9] GROESCH C W. The theory of Tikhonov regularization for Fredholm equations of the first kind[M]. Pitman Advanced Publishing Program, 1984.

[10] KELLER J B. Inverse problems[J].The American Mathematical Monthly, 83:107-118.

第 10 章

超声红外热成像的缺陷检测可靠性评估

为了尽可能找到细微的缺陷，应该尽量使检测条件达到最优，从而使超声红外热成像检测系统得到充分应用。然而，当超声红外热成像检测系统达到极限状态时，并非相同尺寸的所有缺陷均会被检出，即便对同一缺陷重复进行测量也会产生不同的响应结果。上述检测的或然特征可以用检出概率来表征，从而达到评估检测可靠性的目的[1]。目前，仅仅能够在包含已知尺寸缺陷的试件上通过可靠性实验来估算检出概率，而且采取统计方法才能估算检出概率函数的参数并量化在此过程中产生的误差。

为了对在特定检测条件下疲劳裂纹检测的可靠性进行评估，我们制作了一系列含疲劳裂纹的 45 号钢平板试件，实验分析了裂纹尺寸对裂纹热信号的影响，在此基础上确定回归模型中响应变量和解释变量的形式，最后通过极大似然估计和 Wald 法求得回归模型中的拟合参数和检出概率曲线的置信区间。

10.1 裂纹尺寸对裂纹热信号的影响

10.1.1 试件制作及测量

按照 9.2.2 节所述的方法，通过加工得到一系列含 1～10 mm 裂纹的金属平板试件。在实际工程应用中，基于响应信号的缺陷检出概率分析至少要有 30 个缺陷样本[1]。由于研究成本限制，仅制作了 20 个缺陷样本。为减少振动能量沿夹具向外传播，选择尺寸为 50 mm×20 mm×2 mm 的硬纸板作为隔振材料。激励位置偏离中心 50 mm。图 10-1 为被测平板示意图。

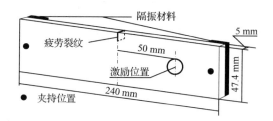

图 10-1　被测平板示意图

　　通过光学显微镜获取裂纹区域的表面形貌，提取试件前后表面上裂纹可见部分的均值，将其作为裂纹长度表征。图 10-2 给出了编号为 5a 的试件裂纹区域上表面与下表面形貌的一次测量结果，从中可以清晰地观察到整条裂纹的位置和形状。经多次测量取均值后，表 10-1 给出了可靠性实验用到的20 个试件的裂纹长度（均值）。待完成裂纹尺寸测量后，在被测平板的待测表面喷涂黑色亚光漆，以提高表面发射率。

（a）上表面

（b）下表面

图 10-2　编号为 5a 的试件裂纹区域形貌

表 10-1　可靠性实验用到的 20 个试件的裂纹长度

编　　号	长度/μm	编　　号	长度/μm
1a	419.91	7a	8014.54
2a	1986.66	8a	7948.20
3a	3454.42	9a	9301.36
4a	3898.49	10a	9453.00
5a	5374.71	1b	1707.41
6a	6559.11	2b	2181.48

续表

编 号	长度/μm	编 号	长度/μm
3b	3474.50	7b	8014.54
4b	2338.08	8b	7507.79
5b	5582.16	9b	7948.20
6b	6577.41	10b	8280.19

10.1.2 响应信号提取

本章采用与 4.1.1 节一致的超声红外热成像检测系统进行实验。其中，红外热成像仪采用在激励同侧安装的方式，以获得最大的裂纹热信号。图 10-3 为裂纹区域热像图，给出了编号为 5a 的裂纹在典型检测条件下的裂纹区域温度分布，颜色越亮代表温度越高。从图中可以看出，相比激励开始时，激励结束时裂纹区域存在明显的温度升高现象。与第 4 章的实验不同的是，本章的实验采用感兴趣区域在激励结束时与激励开始时（背景区域）温差的最大值作为响应信号，用以判定缺陷信息。

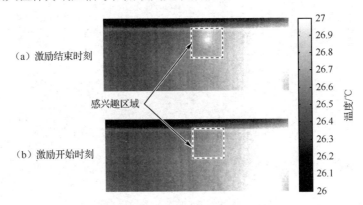

图 10-3　裂纹区域热像图

10.1.3 响应信号随裂纹尺寸变化的规律

图 10-4 给出了预紧力为 20 kgf、激励强度为 25%、激励时间为 1 s 时，响应信号 $(\hat{a})$ 随裂纹尺寸 (a) 的变化。其中，图 10-4（a）表示 $\hat{a}$ 与 a，图 10-4（b）表示 $\ln(\hat{a})$ 与 a，图 10-4（c）表示 $\hat{a}$ 与 $\ln(a)$，图 10-4（d）表示 $\ln(\hat{a})$ 与 $\ln(a)$。从图中可以看出，与其他几种形式相比，图 10-4（b）所示的响应信号的对数 $\ln(\hat{a})$ 和裂纹尺寸 a 整体呈线性关系。对上述线性关系进行回归诊断分析表

明，响应信号的对数 $\ln(\hat{a})$ 与拟合直线的偏差满足同方差的正态分布，而且数据集中不存在强影响点。

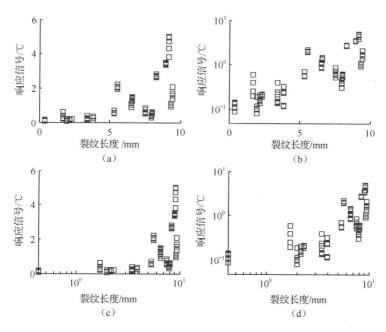

图 10-4　响应信号随裂纹尺寸的变化

10.2　可靠性评估的基本理论

10.2.1　基于裂纹尺寸的检出概率模型构建

假定裂纹尺寸用 a 表示，响应信号采用与裂纹尺寸 a 关联的特定参数 $\hat{a}$ 来量化和记录，则响应信号 $\hat{a}$ 用于综合判定缺陷的所有信息。缺陷检出概率函数 $\mathrm{POD}(a)$ 可以从响应信号 $\hat{a}$ 和裂纹尺寸 a 之间的联系获得。如果函数 $g_a(\hat{a})$ 表示在特定尺寸 a 下响应 $\hat{a}$ 的概率密度，那么

$$\mathrm{POD}(a) = \int_{\hat{a}_{\mathrm{dec}}}^{\infty} g_a(\hat{a})\mathrm{d}\hat{a} \tag{10-1}$$

一般来讲，响应信号 $\hat{a}$ 和裂纹尺寸 a 之间的相关函数确定了函数 $g_a(\hat{a})$ 的均值，也就是：

$$\hat{a} = \mu(a) + \delta \tag{10-2}$$

式中，$\mu(a)$ 表示函数 $g_a(\hat{a})$ 的均值，δ 是考虑响应 $\hat{a}$ 和均值 $\mu(a)$ 差异的随机误差项。进一步，假定 $\ln(\hat{a})$ 和 a 之间存在带有正态分布误差的线性关系。这

个模型可以表示为

$$\ln(\hat{a}) = \beta_0 + \beta_1 a + \delta \tag{10-3}$$

随机误差 δ 的分布特性决定了关于 $\mu(a)$ 的概率密度函数 $g_a(\hat{a})$。从图 10-4（b）不难发现：可以认为误差 δ 服从均值为 0 和标准差为 τ 的正态分布。

将式 10-1 进一步改写为

$$\begin{aligned} \text{POD}(a) &= \text{Probability}[\hat{a} > \hat{a}_{\text{dec}}] \\ \text{POD}(a) &= \text{Probability}[\ln(\hat{a}) > \ln(\hat{a}_{\text{dec}})] \\ \text{POD}(a) &= \Phi\left\{ \frac{a - [\ln(\hat{a}_{\text{dec}}) - \beta_0]/\beta_1}{\tau/\beta_1} \right\} \end{aligned} \tag{10-4}$$

式 10-4 是一个累积对数正态分布函数，其均值及标准差分别为

$$\mu = \frac{\ln(\hat{a}_{\text{dec}}) - \beta_0}{\beta_1} \tag{10-5}$$

$$\sigma = \frac{\tau}{\beta_1} \tag{10-6}$$

为简化标记，定义随机变量 Z：

$$Z = \frac{\ln(\hat{a}) - (\beta_0 + \beta_1 a)}{\tau} \tag{10-7}$$

该变量服从均值为 0、方差为 1 的标准正态分布。其概率密度函数为

$$\phi(z) = \frac{1}{\sqrt{2\pi}} \exp\left(\frac{-z^2}{2} \right) \tag{10-8}$$

那么，可以将 $1/\tau \phi(z_i)\mathrm{d}z$ 视作第 i 次检测得到响应信号 $\ln(\hat{a}_i)$ 的概率。因此，构造似然函数，如下所示：

$$L = \prod_{i=1}^{n} \frac{1}{\tau} \phi(z_i) \tag{10-9}$$

式中，n 是检测次数。其对数形式为

$$\ln[L(\beta_0, \beta_1, \tau)] = -n\ln(\tau) - \frac{1}{2\tau^2} \sum_n \left[\ln(\hat{a}_i) - (\beta_0 + \beta_1 a_i) \right]^2 \tag{10-10}$$

缺陷检出概率函数 POD(a)中各个参数的极大似然估计可按下式求解：

$$\begin{cases} 0 = \dfrac{\partial \ln(L)}{\partial \beta_0} = \dfrac{1}{\tau} \sum_{i=1}^{n} Z_i \\[2mm] 0 = \dfrac{\partial \ln(L)}{\partial \beta_1} = \dfrac{1}{\tau} \sum_{i=1}^{n} a_i Z_i \\[2mm] 0 = \dfrac{\partial \ln(L)}{\partial \sigma_\delta} = \dfrac{1}{\tau} \left(-n + \sum_{i=1}^{n} Z_i^2 \right) \end{cases} \tag{10-11}$$

标准的数值算法，如牛顿迭代程序，可用于计算式 10-11。

10.2.2　Wald 置信区间

可靠性评估并不局限于绘制检出概率曲线，更重要的在于确定检出概率曲线的置信区间。Wald 法是常见的求解置信区间的方法，该方法根据 Wald 检验统计的正态分布性质得到总体参数的估计区间。估计参数 $\hat{\theta} = (\hat{\beta}_0, \hat{\beta}_1, \hat{\tau})$ 的方差–协方差矩阵由下式定义：

$$V(\hat{\beta}_0, \hat{\beta}_1, \hat{\tau}) = \boldsymbol{I}^{-1} \tag{10-12}$$

式中，$\boldsymbol{I}$ 是估计参数 $\hat{\theta} = (\hat{\beta}_0, \hat{\beta}_1, \hat{\tau})$ 的费希尔信息矩阵。元素 I_{ij} 通过下式求出：

$$I_{ij} = -\frac{1}{m} \sum \left[\frac{\partial^2}{\partial \theta_i \partial \theta_j} \ln f(a_k; \theta) \right] \qquad k = 1, \cdots, n \tag{10-13}$$

式中，m 为重复测试次数，n 为测试目标个数。计算时，用估计值 $\hat{\theta}$ 替代式 10-13 中的 θ。进一步，通过下式求出元素 I_{ij} 的组成：

$$
\begin{aligned}
I_{11} &= \frac{1}{m\tau^2} n \\
I_{22} &= \frac{1}{m\tau^2} \sum_{i=1}^{n} a_i^2 \\
I_{33} &= \frac{1}{m\tau^2} \left(-n + 3 \sum_{i=1}^{n} z_i^2 \right) \\
I_{12} = I_{21} &= \frac{1}{m\tau^2} \sum_{i=1}^{n} a_i \\
I_{13} = I_{31} &= \frac{2}{m\tau^2} \sum_{i=1}^{n} z_i \\
I_{23} = I_{32} &= \frac{2}{m\tau^2} \sum_{i=1}^{n} a_i z_i
\end{aligned}
\tag{10-14}
$$

采用 μ 和 σ 真实值的泰勒级数展开式来线性化式 10-5 和式 10-6 的关系，$\hat{\mu}$ 和 $\hat{\sigma}$ 的方差–协方差矩阵 $V(\hat{\mu}, \hat{\sigma})$ 由协方差矩阵 $V(\hat{\beta}_0, \hat{\beta}_1, \hat{\tau})$ 通过 Delta 方法获得，即

$$V(\hat{\mu}, \hat{\sigma}) = \frac{1}{\beta_1^2} \boldsymbol{T} V(\hat{\beta}_0, \hat{\beta}_1, \hat{\tau}) T' \tag{10-15}$$

式中，$\boldsymbol{T}$ 为转化矩阵，用下式表示：

$$\boldsymbol{T} = \begin{bmatrix} 1 & \hat{\mu} & 0 \\ 0 & \hat{\sigma} & -1 \end{bmatrix} \tag{10-16}$$

缺陷检出概率函数 POD(a) 的置信度为 α 的置信边界，可以由下式求出：

$$\text{POD}_\alpha(a \pm h) = \Phi(p) \tag{10-17}$$

式中，$\Phi(z)$ 是标准累积正态分布，而且

$$p = \frac{a - \hat{\mu}}{\hat{\sigma}} \tag{10-18}$$

$$h = \Phi_{1-\alpha}[\mathrm{var}(\hat{\mu}) + p^2\,\mathrm{var}(\hat{\sigma}) + 2p\,\mathrm{cov}(\hat{\mu}, \hat{\sigma})]^{1/2} \tag{10-19}$$

式中，$\Phi_{1-\alpha}$ 为标准正态分布的 α 分位数。

10.3 基于检出概率的检测可靠性评估

10.3.1 检出概率随裂纹尺寸的变化

图 10-5 为响应信号随裂纹尺寸的变化，给出了预紧力为 20 kgf、激励时间为 1 s 时，在不同激励强度（15%、20%和 25%）下响应信号的对数 ln($\hat{a}$) 和裂纹尺寸 a 的线性关系的拟合模型。从图中可以看出，无论激励强度处于何种水平，响应信号的对数 ln($\hat{a}$) 都随裂纹尺寸的增加而增大。从整体上来讲，较大的激励强度能够增强响应信号。然而，当裂纹尺寸较小（< 2 mm）时，由于噪声的影响，较大的激励强度未必得到较大的响应信号。为了不致引起过大的虚警率（probability of false positive，PFP），将判定阈值 $\hat{a}_{\mathrm{dec}}$ 设为 0.5℃，仅当响应信号 $\hat{a}$ 超过判定阈值 $\hat{a}_{\mathrm{dec}}$ 时才能判定裂纹。

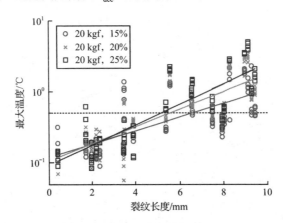

图 10-5 响应信号随裂纹尺寸的变化

表 10-2 为拟合模型参数。将表 10-2 的估计值代入式 10-4，可以计算检出概率函数随裂纹尺寸的变化。图 10-6 为检出概率随裂纹尺寸的变化曲线，展示了预紧力为 20 kgf、激励时间为 1 s、不同激励强度（15%、20%和 25%）下，检出概率随裂纹尺寸变化的曲线。表 10-3 给出了检出概率函数的重要参

数，表中 a_{50} 和 a_{90} 分别表示检出概率为 50% 和 90% 时对应的裂纹尺寸。裂纹检出概率随着裂纹尺寸的增加而增大，增大激励强度有助于提高裂纹检出概率。

表 10-2　拟合模型参数

参　　数	激 励 强 度		
	15%	**20%**	**25%**
$\hat{\beta}_0$	−2.1398	−2.2580	−2.3965
$\hat{\beta}_1$	0.2200	0.2823	0.3303
$\hat{\tau}$	0.6289	0.6168	0.6477

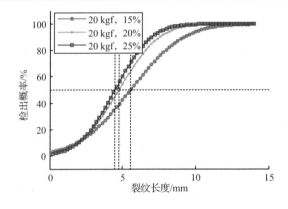

图 10-6　检出概率随裂纹尺寸变化的曲线

表 10-3　检出概率模型参数

参　　数	激 励 强 度		
	15%	**20%**	**25%**
$\hat{\mu}$	6.575	5.543	5.158
$\hat{\sigma}$	2.858	2.185	1.961
a_{50}	6.575	5.543	5.158
a_{90}	10.241	8.343	7.671

10.3.2　检出概率曲线的置信区间

图 10-7 为检出概率曲线的置信区间，给出了预紧力为 20 kgf、激励强度为 25%、激励时间为 1 s 对应裂纹检出概率及其置信边界。图中实线表示裂

纹检出概率曲线，虚线为检出概率曲线的95%置信边界。其中 $a_{90/95}$ 表示检出概率为90%的裂纹尺寸对应的95%置信下限。

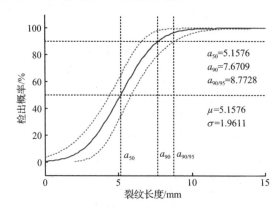

图 10-7　检出概率曲线的置信区间

10.4　本章小结

本章以一系列含疲劳裂纹的 45 号钢平板为研究对象，描述了一种评价超声红外热成像检测技术中缺陷可检测性的方法流程，给出计算裂纹检出概率及其置信区间的方法。本章旨在提出用于评估疲劳裂纹检测可靠性的理论和方法，研究成果可以为其他无损检测技术的检测可靠性研究提供理论和方法借鉴。本章得出以下主要结论。

（1）当检测条件确定时，裂纹响应热信号的对数与裂纹尺寸大体上呈线性关系，激励强度的增大有利于提高裂纹热信号。

（2）采用极大似然估计和 Wald 法分别给出检出概率曲线的参数及其置信区间，为超声红外热成像技术中的可靠性评估提供量化依据。

必须说明的是，在实际工程应用中，必须采用真实的含缺陷的构件，结合损伤容限理论，以确定感兴趣的裂纹尺寸范围，同时还要在经济成本允许的条件下提供足够多的样本数目。另外，由于噪声的存在，实际上即便不存在裂纹（裂纹尺寸为 0），也可能使响应信号超过判定阈值，从而判定存在裂纹，具有一定的虚警率。下一步，我们将考虑将虚警率引入检出概率曲线，以获得更加准确的可靠性评估结论。

参考文献

[1] BERENS A P. NDE reliability data analysis [G]. ASM International. ASM Metals Handbook Vol. 17: Nondestructive Evaluation and Quanlity Control, 9th ed. 1989: 689-701.

第 11 章

超声红外热成像对金属结构裂纹检测的趋势

前述章节围绕金属结构裂纹检测，详细讨论了针对在超声激励下金属结构振动特性、裂纹生热特性、检测条件优化、图像增强、特征提取、定量评估及检测可靠性等内容，涵盖超声红外热成像对金属结构裂纹检测的各个环节。本章根据对前述内容的归纳总结，提出超声红外热成像对金属结构裂纹检测评估的若干趋势。

超声红外热成像技术作为新型主动红外无损检测技术，相比传统检测手段，具备独特优势，目前已在众多工业领域得到了重点关注。但是，由于发展时间较短，目前该领域多数研究成果仍然处于实验探索阶段，尚未实现规范、系统的应用，该技术未来的发展空间很大。结合该技术在金属结构裂纹检测方面的研究现状和应用需求，有必要在以下几个方面进一步开展研究工作。

11.1　激励装置的便携化与集成化

目前常见的两类超声激励装置包括低功率压电陶瓷和高功率塑焊枪，两类装置都存在一定的局限性。为实现局部缺陷共振，压电陶瓷需要输出连续宽带扫描振动激励，输入端需要信号发生器和放大器等设备，增加了激励装置的复杂程度。塑焊枪需要稳定可靠的超声发生器来保证高功率输出。实现激励装置控制、电源、输出等单元的一体化集成，甚至将红外热成像仪和控制采集终端集合在一起，组成便携式材料检测系统，还有待进一步研究。

11.2　仿真模型优化

当前，针对仿真模型的研究，主要集中于如何有效模拟压电结构、超声枪与平板之间的相互作用、在超声激励下平板的振动状态，以及缺陷区域的振动和生热情况，多数模型过于简化。如何对一些复杂的金属结构，如涡轮叶片、导向叶片、飞机摇臂等，进行建模，以及对金属结构中各类位置、深度、形状不同的疲劳裂纹进行真实模拟，将是仿真模型优化的重点。

11.3　缺陷检测与识别的智能化

因为超声红外热成像技术在缺陷检测过程中涉及激励源位置与输出控制、热像图采集等重要步骤的协调规划，相比自动视觉检测，出现人工干预的情况较多，所以该方法存在主观性强、易误检与漏检、效率低等不足，如何借助工业机器人、机械臂等辅助手段，再结合系统辨识、模式识别、智能控制等机器学习方法，进一步提高超声红外热成像技术的自动化水平，实现无干预、高效率、高精度快速检测，显得十分重要。另外，在超声热成像技术中的缺陷识别，主要通过热像图序列预处理、异常信息或特征提取、缺陷关联性判断这一基本流程，大部分环节要以人工方式实现，识别可靠度和准确率主要取决于人员的经验。尽管有部分研究利用人工智能等方式进行了缺陷识别，但在关键环节还是需要人工干预，未来需要在缺陷识别全流程自动化上实现突破。

11.4　与其他检测技术的互补

超声红外热成像技术优势突出，但局限也很明显，如可重复性差、需要"接触对"来产热等。对于以上局限，可以通过与其他无损检测技术复合使用来打破。例如，将超声红外热成像技术与涡流红外热成像技术结合，检测飞机蒙皮与蜂窝芯结构，既可以对闭合微裂纹进行检测，又可以对金属蒙皮开口裂纹进行检测。超声红外热成像技术与超声检测技术结合在一起，可以实现大面积快检和小面积细检。探索将超声红外热成像技术与其他检测技术融合，对于特定装备的全面检测形成完整成套无损检测技术方案，研究意义明显。

11.5　检测的标准化

由于超声红外热成像技术发展时间较短，研究人员针对该技术的使用至今未有统一的规范和标准，这制约了其进一步走向工程实践，大部分工作停留在实验室阶段，如何参照超声、涡流、磁粉、X 射线等无损检测标准制定出超声红外热成像检测标准，还有待进一步讨论。

附录

专业名词中英文对照

英 文 名 词	英 文 缩 写	中 文 名 词
active thermography	AT	主动红外热成像
akaike's information criterion	AIC	赤池信息准则
adaptive homomorphic filtering	AHF	自适应同态滤波
barely visible impact damage	BVID	几乎不可见冲击损伤
back propagation	BP	反向传播
contact acoustic nonlinearity	CAN	接触声非线性
convolutional neural networks	CNN	卷积神经网络
carbon fiber reinforced plastics	CFRP	碳纤维增强塑料
contrast limited adaptive histogram equalization	CLAHE	限制对比度自适应直方图均衡化
crack opening displacement	COD	裂纹开口位移
density-based spatial clustering of applications with noise	DBSCAN	含噪声的基于密度的聚类方法
deep learning	DL	深度学习
depthwise separable convolution	DSC	深度可分离卷积
eddy current testing	ECT	涡流检测
finite element method	FEM	有限元法
fast fourier transform	FFT	快速傅里叶变换
fully convolutional network	FCN	全卷积网络
false positive	FP	假正
false negative	FN	假负
glass fiber reinforced polymer	GFRP	玻璃纤维增强塑料
histogram equalization	HE	直方图均衡化

英 文 名 词	英 文 缩 写	中 文 名 词
kernel principal component analysis	KPCA	核主成分分析
local defect resonance	LDR	局部缺陷共振
lockin vibroradiometry	LV	锁相振动热成像
magnetic flux leakage	MFL	漏磁
magnetic testing	MT	磁粉检测
maximum likehood estimation	MLE	极大似然估计
minimum reconstruction error	MRE	最小重构误差
modulated thermography	MT	调制热成像
mini-batch gradient descent	MBGD	小批量梯度下降
mean absolute error	MAE	平均绝对误差
non-destructive testing	NDT	无损检测
penetrant testing	PT	渗透
piezoelectric transducer	PZT	压电换能器
probability of alarm	POA	报警概率
probability of detection	POD	检出概率
partially overlapped sub-block histogram equalization	POSHE	部分重叠子块直方图均衡化
peak signal-to-noise ratio	PSNR	峰值信噪比
principal component analysis	PCA	主成分分析
pulse thermography	PT	脉冲热成像
pulsed phase thermography	PPT	脉冲相位热成像
probability of false positive	PFP	虚警率
radiographic testing	RT	射线检测
root mean square	RMS	均方根
residual u-blocks	RSU	U 型残差块
sonic infrared imaging	Sonic IR Imaging	超声红外热成像
sparse principal component analysis	Sparse-PCA	稀疏主成分分析
signal-to-noise ratio	SNR	信噪比
singular value decomposition	SVD	奇异值分解
stochastic gradient descent with momentum	SGDM	动量梯度下降
squeeze and excitation net	SE-Net	压缩激励网络
true positive	TP	真正

续表

英 文 名 词	英 文 缩 写	中 文 名 词
true negative	TN	真负
thermographic signal reconstruction	TSR	热信号重构
ultrasonic testing	UT	超声检测
ultrasonic lock-in thermography	ULT	超声锁相热成像
ultrasound excited vibrothermography	UEV	超声激励振动热成像
wavelet transform	WT	小波变换